石墨烯
改性水泥基材料：
制备、性能及机理

SHIMOXI
GAIXING SHUINIJICAILIAO
ZHIBEI XINGNENG JI JILI

陈　鹏
于瑞龙
景国建 等著

化学工业出版社
·北京·

内容简介

本专著系统研究了石墨烯在水泥基体中的分散性，并利用石墨烯的高导热性及增强基体能力，通过降低因温度和湿度因素引起的收缩应力，有效提升水泥基体的抗裂性，旨在降低早期收缩伴随的裂缝损伤，提高水泥混凝土的服役寿命。在本专著中，针对水泥混凝土收缩开裂的现象，首先研究了石墨烯在水泥基体中的分散性，掌握了均匀分散石墨烯的方法，并建立了其空间分散的表征方法。进而，利用石墨烯的高导热性，使混凝土硬化浆体保持均匀温变，降低温差应力，提升水泥基体的抗裂性。此外，揭示了石墨烯改性水泥材料的微观机理，并基于石墨烯增强水泥基体能力，控制因湿度因素引起的收缩应力，降低早期收缩伴随的裂缝损伤。

本专著详细总结了石墨烯改性水泥基材料的研究背景及成果进展，知识新颖，讨论了纳米材料改性水泥基材料的分散机理及作用机制，对未来水泥混凝土的进一步发展具有非常重要的指导意义和科学应用价值。

本专著主要面向高校、科研机构等的科研工作者。

图书在版编目（CIP）数据

石墨烯改性水泥基材料：制备、性能及机理／陈鹏等著．-- 北京：化学工业出版社，2025.3. -- ISBN 978-7-122-47109-3

Ⅰ．TB383；TB333.2

中国国家版本馆CIP数据核字第2025341MT5号

责任编辑：严春晖　张海丽　　　装帧设计：刘丽华
责任校对：李露洁

出版发行：化学工业出版社
　　　　　（北京市东城区青年湖南街13号　邮政编码100011）
印　　装：北京建宏印刷有限公司
710mm×1000mm　1/16　印张8　彩插2　字数104千字
2025年5月北京第1版第1次印刷

购书咨询：010-64518888　　　　　　售后服务：010-64518899
网　　址：http://www.cip.com.cn
凡购买本书，如有缺损质量问题，本社销售中心负责调换。

定　　价：98.00元　　　　　　　　　版权所有　违者必究

前言

水泥混凝土是世界上用量最大、使用最广泛的建筑材料之一。近三个世纪以来，以水泥混凝土为主的工程结构得到迅速发展，广泛应用于土木建筑、交通运输及海洋开发等方面，为人类的文明与建设做出了巨大的贡献。

随着产业升级、设备改造及水泥煅烧工艺的提高，目前工业生产的水泥粒度普遍较细，比表面积增大，熟料中硅酸三钙及铝酸三钙等早强矿物的含量显著增加。这些变化虽然有助于提高混凝土的早期强度，但却增加了水泥基体的温变收缩和干燥收缩，再加上配制混凝土时采用较低水灰比产生的自收缩，混凝土结构物非常容易开裂。尽管现代水泥混凝土由于各种外加剂的广泛使用和施工技术的发展而发生根本性变化，但同时也增加了收缩开裂的风险。混合材及地材的变化、复杂的结构设计、施工等环节也使得混凝土裂缝控制技术的难度大幅增加。

通常，引起水泥混凝土早期收缩裂缝的原因主要分为两类：温度因素和湿度因素。温度收缩主要发生在大体积混凝土中，由于硬化水泥石是热的不良导体且水泥水化热集中，会造成混凝土结构物内外温差过大而引起温变收缩。与湿度因素相关的收缩包括干燥收缩、自收缩和塑性收缩等，主要是由混凝土内外湿度条件的不平衡造成的。早期收缩裂缝属于非荷载裂缝，不仅影响混凝土结构物的表面美观性，而且为水分和氯盐等侵蚀性介质进入混凝土内部提供了快速通道，严重降低了混凝土的耐久性，甚至还会影响结构物的强度，危及建筑物的安全性、整体性与稳定性。因此，研究和控制水泥混凝土的收缩开裂问题具有重要的工程安全、耐久和经济意义。

石墨烯是一种新型纳米材料，具有超高的导热系数和高强度等许多优异的性能，在电子器件研发、强化基体热性能、增强补强等领域具有非常广阔的应用前景。根据现有的文献陈述，石墨烯能够明显改善纳米流体、热界面材料和复合高分子材料的导热性能。由此设想，是否可将高导热的石墨烯均匀分散在水泥基体中，构建有效的导热网络，增强硬化水泥石的导热能力，将水化释放的热量及时均匀地散发出来，进而实现混凝土结构物的均匀温变，最终实现减少水泥混凝土因温变而产生收缩裂缝的目标。同时，石墨烯特殊的二维褶皱结构及高吸水性也能够影响水泥石中的水分迁移，从而改善混凝土由于湿度不平衡诱发的收缩裂缝。此外，石墨烯还可以密实硬化水泥石的微观结构，提高强度及耐久性，有利于改善水泥基体的抗裂性。综上所述，石墨烯掺入水泥基材料中必然会对其导热能力和早期收缩裂缝产生重要的影响，但其影响条件、发展规律及作用机理等方面都还需要进行深入细致的基础研究。

  本专著通过聚羧酸表面活性剂（PCE）分散法及球磨法等手段将还原氧化石墨烯均匀分散在水泥基体中，研究了石墨烯的分散方法及空间分布表征。借助石墨烯的高导热性，提高水泥基体的导热能力，调控水化热的传导与扩散，可使硬化水泥石保持内外均匀温变，减少温变收缩裂缝的产生与扩展。同时，利用石墨烯改性技术，降低因湿度因素诱发的收缩应力，提升砂浆基体的抗裂性，可降低早期收缩导致的裂缝损伤，同时提高混凝土的服役寿命。此外，本专著进一步探究了石墨烯对水泥力学强度和水化性能的影响规律，为充分理解石墨烯改性水泥基材料的基础性能提供了充实的理论基础。本专著研究内容有望推动纳米技术改性水泥混凝土领域的发展，为改善水泥混凝土早期收缩开裂现象提供翔实的理论研究基础，具有一定的科学和经济意义。

  书中有诸多资料引自单位的研究成果和个人的论文著作，在此，谨向有关单位和个人表示感谢。在撰写和实验过程中得到了济南大学叶正茂教授和诸多老师、学生的支持与帮助，在此表示感谢。

  由于作者理论知识和实践经验有限，专著中可能存在一些缺点和不足之处，诚恳希望读者批评指正。

著者
2024 年 11 月

目录

第1章 绪论 001

1.1 研究背景 002
1.2 国内外研究现状 004
    1.2.1 水泥收缩裂缝研究 004
    1.2.2 石墨烯改性水泥基材料研究进展 008
1.3 本书研究思路与研究内容 012
    1.3.1 研究思路 012
    1.3.2 主要研究内容 013
1.4 研究目的与意义 014

第2章 实验设备与分析测试方法 015

2.1 实验设备 016
2.2 分析与表征方法 016
    2.2.1 粒度测试 016
    2.2.2 光谱分析 017
    2.2.3 显微镜分析 017
    2.2.4 热分析 018
    2.2.5 X射线分析 019
    2.2.6 压汞法分析 020
    2.2.7 声发射分析 020
2.3 物理性能测试 021
    2.3.1 水泥净浆及胶砂强度 021
    2.3.2 保水性和失水率 021

第3章 氧化石墨烯在水泥基体中的分散性研究 023

3.1 引言 024
3.2 氧化石墨烯的团聚行为 025
    3.2.1 原材料表征 025
    3.2.2 氧化石墨烯团聚物观察 026
    3.2.3 氧化石墨烯的团聚机理分析 029
3.3 氧化石墨烯的分散性研究 031
    3.3.1 高速搅拌法 034
    3.3.2 PCE 分散法 038
    3.3.3 球磨法 041
    3.3.4 包覆法 043
    3.3.5 不同分散方法对强度及孔结构的影响 045
3.4 本章小结 048

第4章 石墨烯改性水泥基材料的导热及温变性能研究 051

4.1 引言 052
4.2 石墨烯的分散性研究 053
    4.2.1 原材料表征 053
    4.2.2 石墨烯水性悬浮液的分散性表征 055
    4.2.3 石墨烯在水泥基体中的分散性研究 057
4.3 石墨烯对水泥导热能力的影响 059
4.4 石墨烯对大体积砂浆内外温差的影响 060
4.5 球磨法分散石墨烯及对水泥导热能力的影响 066
4.6 本章小结 069

第5章 石墨烯改性水泥基材料的收缩及抗裂性能研究 071

5.1 引言 072
5.2 石墨烯对早期收缩性能的影响 073
    5.2.1 实验测试过程 073
    5.2.2 早期收缩性能 075
5.3 石墨烯对抗裂性能的影响 076

　　　　5.3.1 抗裂实验过程......................................076
　　　　5.3.2 抗裂性能表征与评价..............................078
　　5.4 石墨烯改善收缩及抗裂的机理探讨............083
　　　　5.4.1 水泥基体内部水分的影响......................083
　　　　5.4.2 水泥基体微观结构的影响......................086
　　5.5 本章小结..089

第6章 石墨烯改性水泥基材料的强度及微观结构研究 091

6.1 引言..092
6.2 石墨烯对力学强度的影响......................093
　　6.2.1 PCE分散法制备砂浆的强度..................093
　　6.2.2 球磨法制备砂浆的强度........................094
6.3 氧化石墨烯/石墨烯对水泥水化性能的影响..094
　　6.3.1 氧化石墨烯到石墨烯的转化研究..........095
　　6.3.2 水化热分析..096
　　6.3.3 XRD分析..099
　　6.3.4 SEM分析..100
6.4 本章小结..101

第7章 结论与展望 103

7.1 结论..104
7.2 创新点..107

参考文献 108

第 1 章 绪论

1.1 研究背景

水泥混凝土是世界上用量最大、使用最广泛的建筑材料之一。仅2019年，全球水泥产量就达到40多亿吨，其中我国为23.3亿吨。近三个世纪以来，以水泥混凝土为主的工程结构得到迅速发展，广泛应用于土木建筑、交通运输及海洋开发等方面，为人类的文明与建设做出了巨大的贡献[1]。

随着产业升级、设备改造及水泥煅烧工艺的提高，目前工业生产的水泥粒度普遍较细，比表面积增大，熟料中硅酸三钙及铝酸三钙等早强矿物的含量显著增加。这些变化虽然有助于提高混凝土的早期强度，但却增加了水泥基体的温变收缩和干燥收缩，再加上配制混凝土时采用较低水灰比产生的自收缩，混凝土结构物非常容易开裂[2,3]。此外，现代水泥混凝土由于各种外加剂的广泛使用和施工技术的发展而发生了根本性变化，但同时也增加了收缩开裂的风险。混合材及地材的变化、复杂的结构设计、施工等环节也使得混凝土裂缝控制技术的难度大幅增加[4]。

通常，引起水泥混凝土早期收缩裂缝的原因主要分为两类：温度因素和湿度因素[5]。温度收缩主要发生在大体积混凝土中，由于硬化水泥石是热的不良导体且水泥水化热集中，这会造成混凝土结构物内外温差过大而引起温变收缩[6]。与湿度因素相关的收缩包括干燥收缩、自收缩和塑性收缩等，主要是由混凝土内外湿度条件的不平衡造成的[7]。早期收缩裂缝属于非荷载裂缝（见图1.1），不仅影响混凝土结构物的表面美观性，而且为水分和氯盐等侵蚀性介质进入混凝土内部提供了快速通道，严重降低了混凝土的耐久性，甚至还会影响结构物的强度，危及建筑物的安全性、整体性与稳定性[8,9]。因此，研究和控制水泥混凝土的收缩开裂问题具有重要的工程安全和经济意义。

石墨烯是一种新型纳米材料，具有超高的导热系数和高强度等许多优异的性能，在电子器件研发、强化基体热性能、增强补强等领域具有非常广阔的应用前景[10,11]。根据现有的文献陈述，石墨烯能够明显改善纳米流体、热界面材料和复合高分子材料的导热性能[11-13]。由此思考，能否将石墨烯均匀分散于水泥基体中，构建导热网络，增强硬化水泥石导热能力，使水化热均匀散发，继而实现混凝土温变均匀以减少温变收缩裂缝。同时，石墨烯的二维褶皱结构与高吸水性可影响水泥石水分迁移，改善因湿度不平衡诱发的收缩裂缝，且能密实微观结构，提高强度与耐久性，有利于改善水泥基体抗裂性[14]。总之，石墨烯掺入水泥基材料会对其导热能力和早期收缩裂缝有重要影响，但相关影响条件、规律及机理等还需深入细致的基础研究。

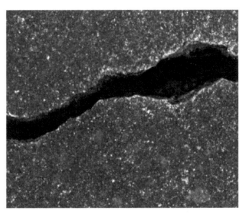

图1.1 某工程底板的水泥收缩裂缝[8,9]

本书通过聚羧酸表面活性剂（PCE）分散法及球磨法等手段将还原氧化石墨烯（rGO）均匀分散在水泥基体中，借助石墨烯的高导热性，提高水泥基体的导热能力，调控水化热的传导与扩散，使硬化水泥石保持内外均匀温变，继而减少温变收缩裂缝的产生与扩展。同时，利用石墨烯改性技术，降低因湿度因素诱发的收缩应力，提升砂浆基体的抗裂性，可降低早期收缩导致的裂缝损伤，同时提高混凝土的服役寿命。此外，进一步探究了石墨烯对水泥力学强度和水化性能的影响规律，为充分理解石墨烯改性水泥基材料的基础性能提供了充实的理论基础。

1.2 国内外研究现状

本书主要围绕石墨烯改性水泥基材料的早期收缩及抗裂性能等开展相关研究,同时也系统分析了石墨烯掺入水泥后的强度以及水化性能等问题。以本书的主要研究点为关键词,系统地检索和分析相关的国内外文献,归纳总结的研究现状如下。

1.2.1 水泥收缩裂缝研究

(1) 水泥收缩类型

水泥基材料收缩是指水泥在凝结和硬化过程中体积减小的现象[15]。水泥收缩的驱动力主要是温度作用与湿度作用,由此定义的收缩类型包括温变收缩、化学减缩、自收缩、干燥收缩以及塑性收缩等,此外混凝土的碳化作用也会引起碳化收缩。通常,水泥材料的各种收缩是同时发生,相互作用的。一般,混凝土结构物在外界约束下产生收缩变形,当产生的收缩应力大于水泥基体的抗拉强度时,混凝土结构体出现裂缝,绝大部分的早期裂缝是由于收缩变形因素造成的[16,17]。

温变收缩主要指混凝土由于内外温差过大,在浇筑体结构中产生温度应力,导致体积发生变形,在浇筑后的2~10天内出现[18,19]。水泥水化过程中伴随着大量的热能释放,由于硬化水泥石是热的不良导体,水泥释放的热量无法及时通过水化产物扩散到表面,造成了内部中心区域的温度越来越高。而混凝土表面区域散热条件好,在与外界环境不断的热交换下温度迅速下降,基本保持在室温左右。由此,混凝土结构体出现温度梯度产生温度应力,导致表层混凝土处于受拉状态,当拉应力超过抗拉强度时便产生温度裂缝[20,21]。

塑性收缩主要发生在混凝土浇筑成型初期的流塑性阶段,一般出现在4~15小时。在这一时期水泥水化反应激烈,水化产物网络逐渐形成，水泥浆体内部水分扩散到表面的速度不及表面水分的蒸发速度，造成内外湿度差异引起收缩变形，常见于干热与刮风天气中[22,23]。

化学收缩指水泥遇水发生化学反应后其水化产物的宏观体积小于反应物的现象[24]。化学收缩产生的体积差伴随着整个水化过程，直至反应结束。化学收缩的体量大小主要与水泥的矿物组成、种类及用量有关。

干燥收缩是指水泥混凝土在相对湿度较低的环境中，由于内部毛细孔和凝胶孔中的吸附水逐渐消失，在孔中产生毛细管负压，伴随产生的拉应力造成的体积收缩变形[25,26]。通常，干燥收缩裂缝出现在混凝土浇筑后的1年龄期内。

水泥混凝土在没有与外界环境发生水分交换的情况下，由水泥的自干燥效应引起的体积变化称为自收缩[27]。自干燥指水泥水化所需的外部用水量不足，开始从毛细孔中吸收水分进行水化的现象[28]。随着毛细孔中的吸附水逐渐变少，形成弯月面产生毛细管负压，引起收缩变形。从自收缩的定义来看，干燥收缩与自收缩的作用机理均与毛细孔产生的附加压力有关，在本质上一致，只是两者的失水方式不同而已[29]。

碳化收缩指水化产物氢氧化钙与空气中的二氧化碳发生碳化反应引起的收缩[30]。通常，由于二氧化碳气体很难扩散到水泥石的内部，因此碳化收缩主要出现在混凝土的表层部分[31]。

（2）调控水泥收缩开裂的措施

处于早龄期的水泥混凝土要经历稠化、凝结等复杂的物理化学变化过程，水泥水化热剧烈，内部湿度、温度变化较大，与之伴随产生的早期收缩几乎是无法避免的。由于水泥混凝土早期体积变形是各种收缩综合作用的结果，因此实际工程应用中采取的应对措施是非常复杂的。基于各种收缩作用产生的机理，相应的控制办法（图1.2）如下所述：

为了降低浇筑成型后形成的塑性收缩，可以采取表面覆盖毛毯或洒水养护等方式，通过减缓表面水分的蒸发以及增强表面湿度的方式抑制塑性收缩的产生[32]。此外，在混凝土施工过程中振捣充分，及时做好彻底的表面养护也完全有可能避免塑性收缩裂缝[33]。塑性收缩通常不会形成贯穿裂缝，大部分为相互平行、尺寸不一的微裂纹，其处理方式也比较简单，采用二次抹压或二次浇灌即可，一般不会影响混凝土结构物后期的耐久性[34]。

图1.2 水泥收缩类型及主要调控措施

干燥收缩和自收缩均是由内部微孔中的水分不足产生的毛细管张力引起的，目前主要采取内养护、添加减缩剂等方式进行控制[35]。内养护法是通过将预吸水的内养护剂掺入水泥混凝土中，在水化过程中不断释放吸收的水分，从而提高硬化水泥石内部的相对湿度，降低收缩应力。高吸水树脂[36]、多微孔陶粒[37,38]、膨胀页岩[39]、浮石[40]、再生骨料[41]等均可以作为内养护剂使用，其改善效果有所不同。减缩剂通常为聚醚或聚醇类有机物或其衍生物，掺入混凝土中可以降低毛细孔中弯月面的表面张力，从而减少收缩应力[42]。

降低温变收缩裂缝的基本思路是控制混凝土浇筑块体的内外温差及降温速度[43,44]。通过采用低热水泥，掺加粉煤灰、相变材料，冷冻骨料，埋设冷却水管等手段均可以降低水泥水化热的释放，有利于控制混凝土内部温度的升高[45,46]。利用后浇带以及跳仓法施工等工程技术可以有效释放混凝土浇筑体产生的温度应力，从而达到控制温变收缩裂缝的目的[47]。

由上述化学收缩的定义可知，化学收缩是无法完全避免的，但可以通过控制熟料中的矿物组成及水泥用量达到调控的目的。此外，碳化收缩也是很难避免的。

从收缩的产生机理角度调控水泥基材料的体积变形是直接有效的。由于在实际工程中混凝土的体积变形是各种收缩综合作用的结果，工程界针对复杂的收缩情况，还提出了通过膨胀剂补偿收缩变形，添加纤维增强水泥基体的抗裂能力以及优化配合比等方式来达到减缩调控的目的。其中，膨胀剂的作用是利用膨胀性材料在水化过程中产生的体积膨胀来补偿水泥收缩，是防止其收缩开裂的主要技术措施之一[48,49]。依照膨胀剂的化学组成，可以分为CaO型、MgO型、无水硫铝酸钙（$Ca_4Al_6SO_{16}$，C_4A_3S）型以及它们之间的相互组合等[50,51]。但CaO和C_4A_3S型膨胀剂存在膨胀过快、膨胀可调性差、膨胀源不稳定等问题。MgO型膨胀剂相对而言膨胀可控，水化产物稳定。但其工业化制备工艺、膨胀机理的研究比较缺乏，且其安定性的评价方法还存在一定的争议[52]。综上所述，膨胀剂在混凝土工程中的应用还需要更加深入地系统研究。

利用纤维改善水泥收缩的机理如下：纤维分布在水泥基体中一方面可以提高混凝土的抗拉强度、韧性和抗冲击性能；另一方面也能够有效抑制水泥基体中微小裂缝的生成与扩展，提高水泥基体抵抗变形的能力[29,53]。此外，通过调整骨料[54]，使用硅灰[55]、矿渣[56,57]等掺合料的方式也可以进行一定程度的收缩变形调控。

基于上述收缩调控的措施可以看出，目前的控制方法主要集中在施工技术方面，实际工程中针对某一具体的施工项目，可能会采取多种措施，如此不仅影响工程进度，而且会增加经济成本。早期开裂现象是水泥自身因温度、湿度体系不平衡产生的收缩变形导致的，减少早期收缩应力和提高自身抗裂性是调控收缩开裂的必然选择。因此，亟须从材料改性的角度寻找一种新方法或新手段实现既能降低收缩应变又能提高抗裂性的目的。

1.2.2 石墨烯改性水泥基材料研究进展

(1) 石墨烯的分散性研究

自英国学者Andre Geim在2004年通过机械剥离的方式发现石墨烯以来,石墨烯因具有极薄的厚度(理论上为0.335nm),超高的导电性(电子迁移率高达$1.5\times10^5 cm^2\cdot V^{-1}\cdot s^{-1}$)、导热性(导热系数可达$5\times10^3 W\cdot m^{-1}\cdot K^{-1}$)以及高强度(拉伸强度高达130GPa)等许多优异的性能,迅速成为全材料领域研究的热点之一[58-60]。近年来,石墨烯改性水泥混凝土材料愈发受到科研人员的广泛关注。

前期的研究结果表明,由于石墨烯的比表面积比较大,且片层之间存在着较强的范德华力,这使得柔性的石墨烯很难均匀分散在基体材料中,极易出现不可逆的团聚现象。团聚体不仅影响石墨烯自身优异性能的发挥,而且降低了石墨烯对基体的改性效果,甚至造成负面的作用。

针对石墨烯在基体中的分散问题,人们提出了不同的方法进行改善,具体如下:

① 物理机械分散法[61]　利用研磨、剪切等方式实现石墨烯与基体材料的混合。

② 超声法[62]　利用超声的空化作用,在液体中降低石墨烯的表面能,从而达到改善分散的目的。

③ 表面改性法[63,64]　在石墨烯的边缘和缺陷部位嫁接官能团或者对石墨烯的表面进行功能化改性以得到稳定的分散体系。

④ 分散剂法[65]　添加一定的分散剂克服石墨烯片层之间的相互作用。

⑤ 原位聚合法[66]　将石墨烯均匀分散在单体中,然后再用引发剂引发聚合,使石墨烯均匀分散在聚合物基体上。

此外,微波辐射[67]、电荷吸引[68]等方式也能够改善石墨烯的分散性。

实现石墨烯在水泥基体中的均匀分散是成功制备石墨烯改性水泥混凝土的第一步。由于水泥是干粉颗粒且遇水反应后呈碱性环境,所以上述论述的分散方法不一定适用于石墨烯在水泥中的分散。目前将石墨烯分散在水泥中的方法主要如下，见图1.3。

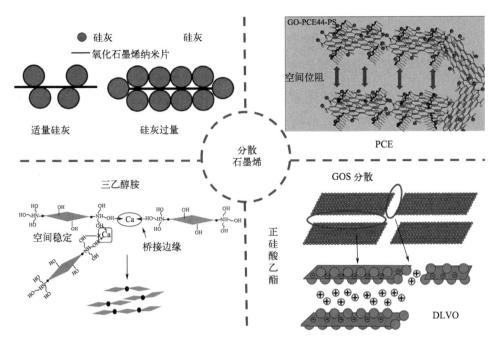

图1.3 石墨烯在水泥基体中的分散方法[69-79]

① 将新拌的水泥浆体加入高速搅拌机中，利用高速剪切力将石墨烯分散在水泥中[69,70]；

② 将硅灰加入至氧化石墨烯（GO）分散液中辅以超声作用，改善GO的分散效果[71-73]；

③ 利用PCE[74,75]、萘系减水剂[76,77]、三乙醇胺[78]、正硅酸乙酯[79]等分散剂改善石墨烯及其衍生物在水泥中的分散效果。

由于石墨烯的尺寸较小、片层薄且一般掺量在万分到千分量级，分散在水化产物中难以鉴别，因此如何表征石墨烯在水泥基体中的分散效果仍存在一定的挑战性。目前，主要通过表征石墨烯水溶液的分散性以及强度、导电性等宏观性能间接验证石墨烯的分散效果，但上述方法均无法直接体现石墨烯的空间分布，存在较大的局限性。

(2) 石墨烯改性水泥基材料的性能研究

石墨烯及其衍生物改性水泥材料是建筑工程界一个新兴的研究热点，诸多学者从水泥水化硬化的不同阶段分别研究了其基础性能，具体论述如下。

① 流变性能　石墨烯能够降低新拌水泥浆体的流动性，增大黏度等流变参数。这主要是由于石墨烯具有极大的比表面积，片层表面会吸附一部分水。此外，石墨烯团聚体在水泥中也会包裹自由水，这些因素均会导致水泥浆体中自由流动的水量变少，流变性能变差[81,82]。

② 水化性能　目前关于石墨烯类材料对水泥水化性能的影响研究结果不一致，尚无统一的论断，还需进行深入的探索分析。如图1.4所示，部分学者认为GO表面富含—COOH及—OH等官能团，能够与水化产物形成化学键[83]，发挥一定的模板作用[84]或催化效应[85]，从而促进水化反应的进行。此外，GO还能够促进硅酸三钙及铝酸三钙等矿物的水化[86,87]。但也有研究发现GO或rGO对水泥水化动力学影响较小[88]，基本不参与水化反应[89]，作用不明显[90]。

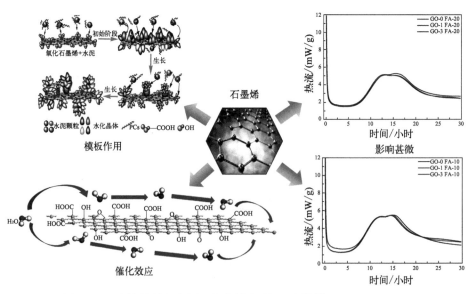

图1.4　石墨烯材料对水泥水化性能的影响[83-90]（见书后彩插）

③ 力学性能　GO特殊的二维褶皱结构可以有效抑制微裂纹的扩展，

增强混凝土的变形能力，提高水泥基体的抗压抗折强度[92]。但从多篇文献综述的结果来看，由于GO自身性质及分散性等方面的差异，增强效果不一致，有待深入研究[93]。

④ 耐久性能　石墨烯及其衍生物GO能够降低氯离子渗透值和吸水率[94]，延缓碳化反应的进行，改善混凝土的耐久性[95]。

⑤ 功能性　石墨烯改性水泥基体表现出特殊的功能属性（图1.5），具有压敏性，能够感知水泥基体应力-应变的变化规律[96]，赋予硬化水泥浆体一定的导电导热性、电磁屏蔽性能等[77]。

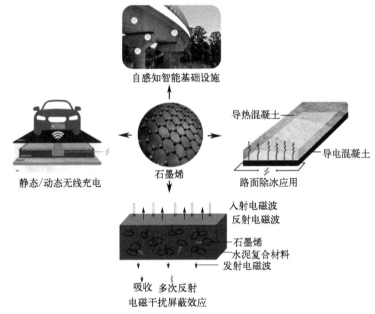

图1.5　石墨烯改性水泥基复合材料的多功能性[97]

从上述石墨烯改性水泥基材料的性能研究综述中可以发现，本领域发展起步比较晚，相关的成果基本出现在近几年，研究内容不全面且系统性差。具体表现为：

① 业界还未完全掌握能够将石墨烯均匀分散在水泥基体中的方法，且对石墨烯在三维空间的分布情况还缺乏直接有效的表征手段；

② 利用石墨烯调控早期收缩开裂现象，改善水泥基体的抗裂性，与

之相关的基础研究结果较少,有待深入探索;

③ 石墨烯及其衍射物对部分性能的影响还存在一定的争议性,如水化性能及力学强度等。

1.3 本书研究思路与研究内容

1.3.1 研究思路

早期收缩开裂现象一直是困扰水泥混凝土工程界的难题之一,本书通过将石墨烯均匀分散在水泥基体中,借助石墨烯的高导热特性,提高水泥基体的导热能力,调控水化热的传导与扩散,使硬化水泥石保持均匀温变,改善温变收缩裂缝。同时,利用石墨烯的高吸水特性及增强基体能力,影响水泥石内部的水分迁移规律,降低因湿度因素引起的收缩应力,提升砂浆基体的抗裂性,可降低早期收缩变形导致的裂缝损伤,提高混凝土的服役寿命。此外,在前期导热能力及早期收缩研究的基础上,进一步探究石墨烯对水泥强度、水化过程和微观形貌的影响,为充分掌握石墨烯改性水泥基材料的基础性能提供一定的理论基础。

本书的研究思路和技术路线分别如图1.6和图1.7所示,基于石墨烯

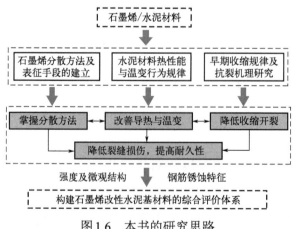

图1.6 本书的研究思路

分散方法的建立，从导热能力、早期收缩发展、微观结构及水化性能等方面对石墨烯改性水泥基材料的性能进行综合评价。

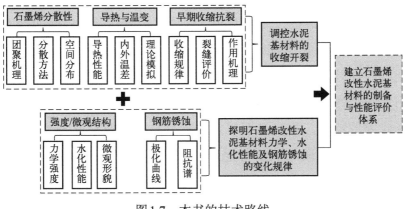

图1.7　本书的技术路线

1.3.2　主要研究内容

在充分调研国内外相关研究技术的前提下，本书首先从解决石墨烯的分散性问题入手，利用石墨烯优异的导热及增强性能，改善水泥硬化浆体的温变应力及湿度条件，进而调控水泥基体早期收缩及抗裂性，实现降低硬化水泥石裂缝损伤、提高水泥混凝土服役寿命的目的。同时本书也开展了石墨烯对水泥材料力学强度及微观结构的影响研究，完善了石墨烯改性水泥基材料的综合评价体系。主要研究内容如下。

① 石墨烯在水泥基体中的分散性研究　基于石墨烯在碱性环境下的团聚机理，通过PCE分散法、球磨法以及包覆法等手段调控石墨烯在水泥基体中的分布规律。利用扫描电子显微镜（SEM）、三维X射线断层扫描仪（X-CT）及宏观强度，建立石墨烯在水泥基体中分散性的科学表征评价体系。

② 石墨烯改性水泥材料的导热及温变性能研究　在掌握石墨烯有效分散方法的前提下，研究不同掺量的石墨烯对水泥基体导热能力的影响

规律，进而探索大体积砂浆内外温差调控的机理。明确石墨烯改性水泥材料中热量传递的控制条件，将水化热的扩散控制在合适范围内，平衡热导使水泥硬化浆体保持内外温度变化均匀，改善热应力导致的温变收缩及裂缝损伤，为解决大体积混凝土的温度裂缝问题提供新的技术方案。

③ 石墨烯改性水泥材料的早期收缩及抗裂性能研究　在掌握石墨烯调控温变收缩技术的基础上，结合湿度因素诱发的收缩理论，进一步研究了石墨烯改性水泥砂浆的塑性收缩、干燥收缩及自收缩性能。根据砂浆早期收缩的特点，探究了石墨烯对砂浆抗裂性及早期收缩裂缝特征的影响规律。基于砂浆中的水分迁移表征，明确了石墨烯降低收缩应力、提高抗裂性的调控机理。

④ 石墨烯改性水泥材料的强度及微观结构研究　测试了PCE分散法和球磨法制备石墨烯改性砂浆的力学强度。同时基于包覆法技术，采用水化热、X射线衍射（XRD）和SEM等测试方法分别对GO或rGO改性水泥的水化性能及微观形貌进行了系统研究，为石墨烯改性水泥基材料提供翔实的理论研究基础。

1.4　研究目的与意义

本书以石墨烯改性水泥基材料的制备与性能研究为主线，研究了石墨烯的分散方法及空间分布表征、石墨烯改性水泥的导热能力及内外温差变化规律、早期收缩及抗裂性等，希望利用石墨烯改性技术降低因水泥基材料早期收缩和温变而导致的裂缝危害，改善混凝土的内部结构，达到提高服役寿命的目的。同时，围绕石墨烯改性水泥的强度、微观结构方面也开展了相关研究，为充分理解石墨烯改性水泥基材料的性能提供一定的理论基础。本书研究内容将有力推动纳米技术改性水泥混凝土领域的发展，为改善水泥混凝土早期收缩开裂现象提供翔实的理论研究基础，具有一定的科学和经济意义。

第 2 章 实验设备与分析测试方法

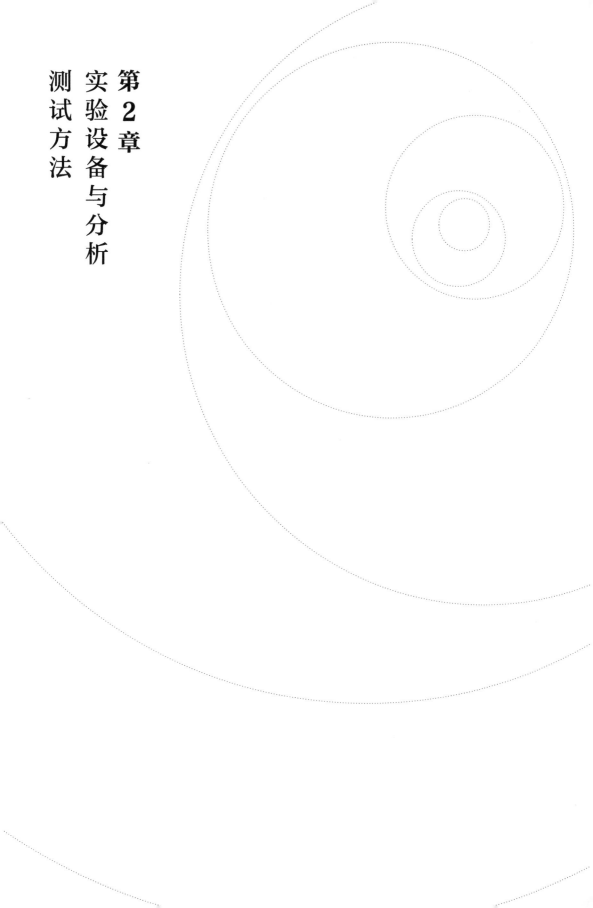

本章对本书实验过程中所涉及的仪器设备及测试方法等内容进行了详尽的介绍。除特殊说明外，本书其他章节的实验内容均基于以下所述的设备与方法。

2.1 实验设备

实验所用的主要设备如表2.1所示。

表2.1 主要实验设备

仪器名称	型号	生产厂家
电子分析天平	CP 324S	德国赛多利斯集团
超声波清洗器	KQ 3200 DB	昆山市超声仪器有限公司
恒温鼓风干燥箱	DFA-7000	上海树立仪器仪表有限公司
行星式球磨机	KEQ-4L	长沙天创粉末技术有限公司
高速混料机	MODEL 7000	美国水泥测试仪器有限公司
高温管式炉	NBD-T1700	河南诺巴迪材料科技有限公司
智能型裂缝测宽仪	HC-CK103	北京海创高科有限公司
振弦式应变传感器	BK-1015	湖南凯邦电子科技有限公司
温度传感器	BK-318	湖南凯邦电子科技有限公司
无线自动测温系统	BK-ZX16	湖南凯邦电子科技有限公司
水泥净浆搅拌机	NJ-160A	无锡建仪仪器机械有限公司
砂浆搅拌机	JJ-5	无锡建仪仪器机械有限公司
单卧式混凝土搅拌机	HJW-60	无锡建仪仪器机械有限公司

2.2 分析与表征方法

2.2.1 粒度测试

采用Winner 3003新型干法激光粒度分析仪测试水泥的粒度分布，将待测的水泥粉末放入料斗，开启振动喂料器，利用干燥空气紊流分散的原理使水泥颗粒充分分散并加速通过样品窗口完成粒度测试。购买的商用水泥及实验室自行球磨的水泥均通过上述设备进行粒度分布测试。

采用Beckman Coulter Instruments LS 13320激光粒度分析仪测试C_4A_3S的粒度分布，将C_4A_3S固体粉末分散在乙醇溶液中超声5min后进行测试。

GO的粒度分布采用马尔文公司的Mastersizer 2000激光粒度仪测定。

2.2.2 光谱分析

拉曼光谱　使用Horiba公司的Lab RAM HR Evolution拉曼光谱仪分析GO、rGO及GO包覆C_4A_3S的缺陷及无序度等特征。实验时取少量液体或固体样品进行测试，室温，激发光波长532nm。

红外光谱分析（FT-IR）　通过Thermo Fisher公司的红外光谱仪（Nicolet 380型）分析GO、rGO及GO包覆C_4A_3S的官能团。采用KBr压片法制备样品，扫描分辨率为$4cm^{-1}$，扫描次数为8次。

电感耦合等离子发射光谱（ICP）　通过Optima 5300DV型ICP-OES-PerkinElmer测试C_4A_3S水化后上清液的Ca^{2+}和Al^{3+}浓度。样品制备如下：首先将C_4A_3S样品与去离子水搅拌水化10min，然后将所得混合液离心过滤得到上清液，进行ICP和pH测试（PHS-3C）。

使用紫外-可见光分光光度计（UV-Vis 4800，日本岛津公司）测试GO和rGO分散液的吸收光谱，测试范围为200～700nm，分辨率为2nm。为了避免PCE对GO和rGO光谱的影响，在UV-Vis测试实验中，以相同浓度的PCE溶液作为待测样品的参比样。

2.2.3 显微镜分析

原子力显微镜测试（AFM）　应用Digital Instruments公司的Multimode

SPM型AFM表征GO和rGO的形貌及厚度。将低浓度的GO/异丙醇悬浮液或rGO水性悬浮液超声分散15min后，用滴管吸取少量液体，滴在云母片上，真空干燥后使用轻敲模式进行测试。

透射电子显微镜分析（TEM） 通过TEM（JEM-2010）观察GO的形貌，将分散良好的GO/异丙醇悬浮液滴加在铜网上，待其风干后进行观察，加速电压为200kV。

SEM 使用SEM（QUANTA FEG250，FEI公司）观察GO团聚物、水泥基材料的微观形貌等信息。扫描工作条件为二次电子模式，工作电压为15kV。通过能量色散X射线光谱（EDS）分析试样视野范围内感兴趣区域的元素含量。水泥材料样品的制备过程如下：首先将到测试龄期的水泥样品破碎，然后筛选断裂面较为平整的试块放在无水乙醇中浸泡2天（1天后更换一次无水乙醇）终止水化。再将试块放在45℃的真空干燥箱中进行干燥，最后进行喷金处理后观察（约15nm厚）。SEM观察GO团聚物、GO包覆C_4A_3S的实验条件与上述一致。

2.2.4 热分析

热重测试 通过TGA综合热分析仪（Mettler Toledo TGA/DSC1/1600HT）记录GO在升温过程中的物理化学变化。具体实验条件如下：升温速率为10℃/min，测试范围为25～800℃，氮气气氛。

水化热测试 采用8通道TAM Air等温微量热仪测试水泥及C_4A_3S的水化热过程。首先将水泥样品或C_4A_3S粉体与去离子水充分搅拌，然后立即将浆体装入安瓿瓶中，在25℃的实验条件下连续记录72小时。实验前先将仪器及原材料在设定的温度环境下稳定24小时。

导热系数测试 通过瞬态平面热源法测试硬化水泥石养护28天后的导热系数，仪器型号为Hot Disk TPS 2500S，实验温度为25℃，样品直径约90mm、厚度约15mm，测试时将镍基的传感器夹在两个试样中间。

热扩散系数测试 采用激光导热仪（Netzsch LFA467）测试硬化水

泥浆体养护28天后的横向热扩散系数。实验温度为25℃，样品直径约22mm、厚度约0.5mm。

2.2.5 X射线分析

X射线荧光分析　利用德国布鲁克AXS公司生产的S8-TIGER型X射线荧光光谱仪分析硅酸盐水泥熟料及水泥的化学成分。

X射线光电子能谱分析（XPS）　通过Thermo Fisher公司的X射线光电子能谱仪（ESCALAB 250）分析GO和rGO的元素组成及含量，扫描分辨率为0.05eV（1eV=1.602176634×10^{-19}J）。

X-CT：通过X-CT（Zeiss Xradia 510 versa）研究GO团聚物、GO或rGO在水泥基体中的三维空间分布状态。具体的扫描参数如下：X射线源的电压为70kV、电流为80mA。扫描角度为-180°～180°，采集投影照片数为2001张，每张投影的曝光时间为1s，探测器元件的数量为1024个。通过调整X射线源、探测器与试样的距离保持水泥试块扫描样品的分辨率均在2.5μm左右，GO团聚物的分辨率在0.7μm左右。将到测试龄期的水泥试块进行钻心取样，制备直径约4mm的圆柱形试样，然后固定在CT系统的支架上进行扫描测试。使用Avizo 9.4软件进行CT图像的去噪、阈值分割、三维重构及统计分析等处理。其中，等效半径定义为给定颗粒的直径测量值与相同体积的球形颗粒直径一致，由以下公式计算得出：

$$等效半径 = \sqrt[3]{\frac{6 \times V_{3d}}{\pi}} \tag{2.1}$$

式中，V_{3d}为给定颗粒的三维体积。

颗粒球形度的计算公式如下：

$$球形度 = \frac{\pi^{1/3} \times (6V)^{2/3}}{A} \tag{2.2}$$

式中，V为给定颗粒的体积；A为表面积。

利用 Avizo 软件对砂浆表面的裂缝进行标记，并统计其长度信息。首先将拍摄的砂浆图片导入软件，对其进行去噪处理，利用软件中的阈值分割命令，基于所选标记区域特征与原始裂缝一致性的原则，标记表面的裂缝，并计算其长度。

XRD 通过 XRD 及 Rietveld 方法对水泥及 C_4A_3S 的水化产物成分进行定性定量分析。XRD 的仪器型号为 Bruker AXS D8-Advance，具体实验条件为 Cu Kα [λ = 1.5405Å（1Å=10^{-10}m）]，工作电压及电流分别为 40kV 和 40mA，扫描角度（2θ）为 5°～65°，步进扫描，每步 0.02°，步进时间为 0.5s。XRD 样品测试的固体粉末用玛瑙研钵粉磨至全部小于 80μm 后进行测试。此外，晶体结构的 COD 卡片号如表 2.2 所示。

表 2.2 晶体结构的 COD 卡片号

晶体	COD No.
C_4A_3S	4001772
$CaSO_4$	5000040
CaO	7200686
AFt	9011103
AFm	9013423
Al_2O_3	2300448

2.2.6 压汞法分析

采用压汞法（MIP，AutoPore-IV-9500）对硬化水泥浆体的孔结构进行分析。首先将硬化水泥石破碎成 4～6mm 的小颗粒，然后将得到的水泥颗粒浸泡在异丙醇溶液中 7 天，并在 45℃真空干燥 3 天后进行测试。

2.2.7 声发射分析

本书所使用的声发射仪为美国 PAC 公司生产的 PCI-2 型四通道声发射仪，传感器为锆钛酸铅基压电换能器，可以将记录的瞬态弹性波转换为电信号。实验过程中将两个传感器（150kHz，R15，美国物理声学公司）通过凡士林固定在砂浆表面边缘的两端，为了避免环境噪声的干扰，将前置放大器的增益和阈值设置为40dB。

2.3 物理性能测试

2.3.1 水泥净浆及胶砂强度

将GO包覆的水泥按照0.45的水灰比搅拌成型，试模尺寸为20mm×20mm×20mm，在标准养护条件下［温度为(20±2)℃，相对湿度≥95%］养护至规定龄期，测试其抗压强度。

根据GB/T 17671—2021《水泥胶砂强度检验方法（ISO法）》测定不同龄期水泥砂浆的抗压抗折强度。按照标准要求制备40mm×40mm×160mm的胶砂试块，其中胶砂比为1∶3，在标准养护条件下养护至规定龄期，利用SANS电子试验机（MTS，CMT5504）进行强度测试。抗折试件（40mm×40mm×160mm）在0.2kN/s的加载速率下进行三点弯曲试验，抗压试验（40mm×40mm×40mm）以1.2kN/s的加载速率进行。测试6个砂浆试件的力学强度，计算得到平均强度及标准差。

2.3.2 保水性和失水率

根据ASTM C1506-09标准测定rGO改性水泥砂浆的保水性能，其计算公式如下：

$$w=\frac{w_0-w_1}{w_0}\times 100\% \qquad (2.3)$$

式中，w_0为砂浆的初始含水量；w_1为砂浆的失水量。

在5.3.1节抗裂性实验的描述条件下测试砂浆失水率，用直径20cm的玻璃皿作为模具，其他风扇及灯照等条件不变，记录砂浆和模具的初始质量，每小时测量一次质量变化。砂浆失水速率m由下式求得：

$$m=\frac{M_{t1}-M_{t2}}{M}\times 100\% \tag{2.4}$$

式中，M为总失水量；M_{t1}和M_{t2}分别代表砂浆试样在t_1和t_2时刻的质量。

第3章 氧化石墨烯在水泥基体中的分散性研究

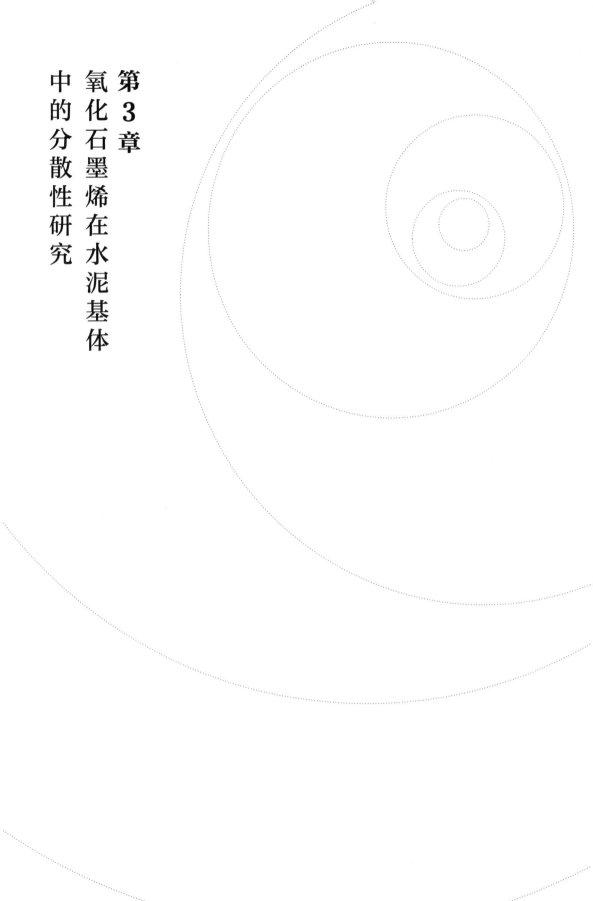

3.1 引言

水泥混凝土是世界上使用量最大的基础材料之一，广泛应用于土木建筑、交通运输及海洋开发等领域，为人类文明与建设做出了巨大贡献。水泥混凝土的水化、硬化过程伴随着微纳米尺度的变化，具有多维度的特征。近年来，利用纳米材料调控水泥混凝土的微观结构和组成，极大地改善了其力学和耐久性能。在建筑材料功能化、高耐久性发展的需求下，纳米材料改性水泥混凝土已逐渐成为建材领域新的研究热点。

自英国曼彻斯特大学Novoselov等发现石墨烯以来[98]，石墨烯因具有优异的导电导热等性能，迅速成为材料领域研究的主要热点之一。近几年来，在国家自然科学基金、各级科技部门的资助下，研究者们已经陆续开展了石墨烯改性水泥材料基础性能的研究。前期的实验结果表明，石墨烯类材料（包括GO、rGO以及磺酸化石墨烯等各类改性石墨烯）可以明显提高水泥基材料的强度、改善耐久性，具有可观的应用前景[93,99]。然而，石墨烯的比表面积较大，片层之间的范德瓦耳斯力作用强，极易团聚在一起[100,101]。此外，水泥水化、硬化产生的碱性条件及复杂的离子环境也严重制约了石墨烯在水泥基体中的均匀分散性[102,103]。目前，如何实现石墨烯在水泥基体中的均匀分散是制约其应用发展的关键问题之一。

GO是石墨烯或石墨经酸化处理后的产物，相比石墨烯材料，其保留了巨大的比表面积、良好的柔韧性及较高的力学性能。此外，GO表面还嫁接了丰富的含氧官能团，如—COOH、—OH和—O—等[104]。GO特殊的二维平面片层结构及其表面大量的活性官能团使其对水泥水化后的离子碱性环境更敏感，为了更加深入地阐明石墨烯材料在水泥基体中的团聚机理，基于全方位的综合考虑，本章选择将GO作为代表，研究其在水泥基体中的分散性，从而为其他石墨烯类材料的均匀分散提供有效的指导方法。

本章首先探究了GO在水泥孔溶液中的团聚絮凝行为，并进一步分析了GO团聚物的形貌特征以及相关的团聚机理。基于此，从不同的角度提出了分散GO的方法（高速搅拌法、PCE分散法、球磨法、包覆法），并采用X-CT、SEM等手段分析了不同分散方法对GO空间分布的影响规律。本章实验内容部分介绍了有效分散GO的方法，建立了GO在水泥基体中空间分布的表征与评价体系。

3.2 氧化石墨烯的团聚行为

3.2.1 原材料表征

本书所用普通硅酸盐水泥熟料（P·O 42.5）的化学组成见表3.1。

表3.1 水泥熟料（P·O 42.5）的化学组成　　　单位：%

组分	CaO	SiO_2	Al_2O_3	Fe_2O_3	MgO	SO_3	Na_2O	K_2O	损失
含量	61.78	22.74	3.87	4.06	2.91	0.39	0.34	1.57	2.34

本书所使用的PCE减水剂由江苏苏博特新材料股份有限公司提供，固体含量为40%，减水率为32%。

首先将购买自常州第六元素科技股份有限公司的GO水性分散液加入去离子水中，在冰浴条件下超声60min得到均匀分散的GO悬浮液，冷冻干燥处理3天。将得到的固体GO超声10小时分散在异丙醇溶液中，再进行不同方法的表征。GO的表征结果如下：在图3.1（a）中，TEM观察显示GO是典型的透明薄片二维结构，表面呈现一定的褶皱薄纱状，这与其他文献陈述的结果一致[105,106]。图3.1（b）的Raman图谱显示，GO存在两个明显的特征峰，一个是由无序结构引起的缺陷D峰，位置在1350cm^{-1}附近，归属于芳香环上sp^3杂化碳原子的环呼吸振动；另一个是在1600cm^{-1}附近的石墨本征拉曼G峰，属于环和链上sp^2杂化碳原子的面内伸缩振动[107]。通常，D峰与G峰的强度比值（I_D/I_G）用来反映GO缺陷的密度，比值越大，说明缺陷密度越高[108]。本书所用GO的I_D/I_G为1.43，表明GO经氧化处理后含有大量的缺陷。图3.1（c）是

AFM，由图中可知GO是二维片状结构，高度在2.5nm左右，大约3层。GO的FT-IR光谱如图3.1（d）所示，3419cm^{-1}、1726cm^{-1}、1620cm^{-1}、1219cm^{-1}处的吸收峰分别由—OH、C=O、C=C、—O—的伸缩振动引起[91,109]，证明GO含有—OH、—COOH、—O—等含氧官能团。

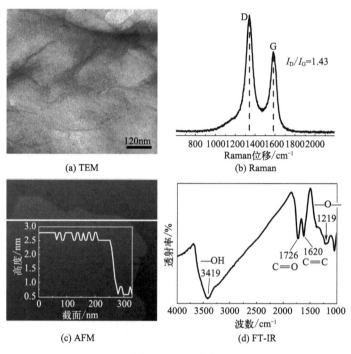

图3.1　GO表征

GO的粒度分布如图3.2所示，其粒度主要集中在1～10μm，中位径在3μm左右。

3.2.2　氧化石墨烯团聚物观察

水泥水化是一个复杂的物理化学反应，硅酸三钙、铝酸三钙等矿物遇水会释放出大量的Ca^{2+}、Mg^{2+}、Al^{3+}、OH^-等。因此，水泥水化后的浆体呈现碱性，且富含大量的二价阳离子。本书借鉴现有文献陈述的方法[110]，通过制备大水灰比水泥拌合物，进而离心过滤获取上清液的方法

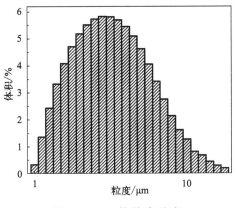

图3.2 GO的粒度分布

来制备水泥孔溶液,研究GO在孔溶液中的团聚行为。

实验过程如下:首先将10g水泥、100mL去离子水混合搅拌5min,然后将所得的水泥拌合物离心5min,转速为8000r/min。取上清液进行过滤,滤掉未水化的水泥颗粒及杂质,所得的滤液即本实验所用的孔溶液。配制浓度为0.03mg/mL的GO悬浮液,超声20min后得到均匀稳定的淡黄色分散液(见图3.3左边)。将20mL的GO悬浮液缓慢加入所制备的水泥孔溶液中,搅拌5min。图3.3右边的结果显示:GO悬浮液加入水泥孔溶液后,立即发生了明显的团聚现象,GO样品出现分层,大量的絮凝物沉积在玻璃瓶底部,上部液体基本为淡黄色的GO[111]。此外,GO团聚物经强力搅拌后仍然为絮凝状,无法重新分散到水中,这表明GO发生了不可逆的化学团聚过程[74]。

图3.3 GO的宏观团聚现象(见书后彩插)

将图3.3右边的GO团聚物浸泡在液氮中处理10min,然后置于冷冻干燥机中7天，获得GO团聚物固体后进行X-CT和SEM观察，旨在更加明确地获取团聚物的形貌及尺寸等信息。

如图3.4所示，图3.4（a）为GO团聚物的全局图，GO团聚后横向尺寸明显变大，从原始的1～10μm变成现在的几百微米，且团聚物相互缠绕在一起，见图中b、c位置，这与图3.3观察到的宏观团聚现象一致；图3.4（b）表明GO团聚后表面仍然为褶皱的片层状结构；图3.4（c）的截面图显示GO片层有序堆叠在一起，其厚度可以达到12μm左右，与图3.1中AFM测得的结果相比，GO团聚物的高度大幅增加。这说明团聚的GO已经形成石墨，其特殊性能基本丧失，不能充分发挥增强增韧水泥基材料的作用。

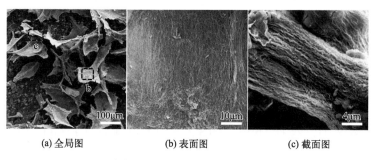

(a) 全局图　　　　　(b) 表面图　　　　　(c) 截面图

图3.4　GO团聚物的SEM

图3.5所示为GO团聚物的X-CT扫描结果分析，图（a）为原始的二维CT切片，视野范围内可以明显看到褶皱的GO片层，图（b）为标记的GO切片。依据不同的灰度值分布，在Avizo软件中可以将GO团聚物和空气明确地区分出来，进而通过不同的颜色对其进行标记。特别说明的是，本节中涉及的标记颜色仅是软件中的一种渲染方式，目的是更加明显地区分三维空间中不同区域的团聚物。从图3.5（c）重构的模型图可知，GO团聚物呈现扁平结构，横向尺寸大小不一，几十微米到几百微米范围内均存在，这些不同尺寸的GO团聚物在三维空间交叉纵横连接在一起，X-CT观察的结果与图3.4中SEM得到的结论一致。

基于X-CT得到的切片数据，对其进一步分析得到GO团聚物的等效直径和球形度，如图3.6所示。GO团聚物的等效直径分布范围较广，主要集中在10～40μm之间，最大可达到125μm。此外，GO团聚物的球形度主要分布在0.2～0.7之间，呈现不规则形状特征。

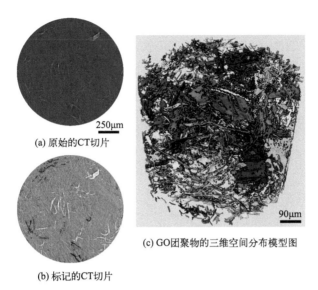

图3.5　GO团聚物的X-CT扫描结果分析（见书后彩插）

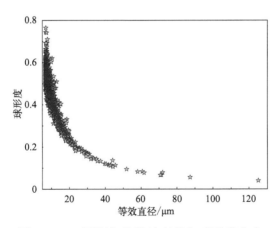

图3.6　GO团聚物的等效直径和球形度分布

3.2.3　氧化石墨烯的团聚机理分析

从上述的结果分析中可知，GO在水泥中会发生不可逆的团聚现象，且团聚物的横向尺寸变大,厚度增加,相互缠绕交联,这些团聚物相当于在水泥混凝土结构中引入大量的缺陷,会对强度、耐久性等性能产生负面影响。因此,非常有必要采取一定的方法将GO均匀分散在水泥中。为了提出更加有针对性的分散方法,本节进一步探究了GO的团聚机理。

图3.7所示为GO加入水泥孔溶液前后的FT-IR光谱。如图3.7所示,GO加入水泥孔溶液后在1726cm^{-1}和1219cm^{-1}处的吸收峰基本趋于消失,表明GO表面的—COOH和—O—官能团不存在。

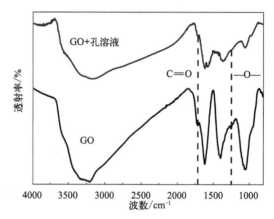

图3.7　GO加入水泥孔溶液前后的FT-IR光谱

查阅相关文献[112,113]及结合水泥的水化知识,推断GO在水泥孔溶液中发生团聚的机理如图3.8所示:①水泥水化后会释放大量的Ca^{2+},这些Ca^{2+}能够与GO边缘的—COOH官能团发生络合反应,形成"边边交联"的结构,由于GO边缘的—COOH分布存在不确定性,因此GO与Ca^{2+}交联也存在较大的随机性,这解释了X-CT和SEM观察GO团聚物尺寸大小不一的现象;②GO表面的—O—及—OH官能团也会与Ca^{2+}等二价阳离子发生化学交联作用,将多个GO纳米片摞叠在一起,形成"面面摞叠"的形貌,这与图3.4(c)观察的结论一致;③GO表面的含氧官能团在强碱性条件下会发生部分还原[103],降低了GO的亲水性和不同片层之间的静电排斥作用，增加了GO自发团聚的趋势。综上所述，GO在水泥孔溶液中的团聚行为是一个复杂的反应，了解其团聚机理是提出GO分散方法的重要前提条件[114]。

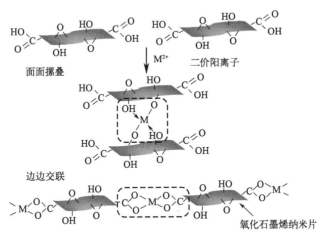

图3.8　GO团聚物形成的机理

3.3　氧化石墨烯的分散性研究

从GO在水泥孔溶液中的团聚机理可知，要想实现石墨烯在水泥基体中的均匀分散必须解决好两个基本点："分"和"散"。"分"即采用一定的方法将石墨烯和水泥颗粒明确分开；"散"即将片层的石墨烯均匀分布在水泥颗粒中，避免局部团聚的问题。基于这两个思路，本节首先尝试用高速搅拌的方式来分散GO，试图利用高速剪切力和强力搅拌来阻止GO团聚；进而采用PCE分散法、球磨法、包覆法3种不同的方法来分散GO，并通过X-CT及SEM对其在水泥基体中的空间分布进行了科学表征。具体实验方案如下。

① 对照组　普通硅酸盐水泥+水，正常搅拌（普通搅拌机，公转转速可达125r/min，自转转速可达285r/min）。流程示意图如图3.9所示。

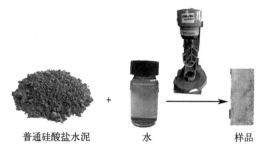

图3.9 对照组制备试样的流程

② 高速搅拌法 将普通硅酸盐水泥、GO水性分散液通过高转速的叶片在密闭容器中进行充分搅拌，转速为12000r/min，试图利用高剪切力打破GO团聚物，进而将其分散在水泥中。其中，GO分散液预先分散在水中超声30min。流程示意图如图3.10所示。

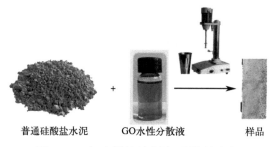

图3.10 高速搅拌法制备试样的流程

③ PCE分散法 普通硅酸盐水泥+含PCE的GO水性分散液，正常搅拌，其中，PCE和GO预先分散在水中超声30min。流程示意图如图3.11所示。

图3.11 PCE分散法制备试样的流程

④ 球磨法 首先用圆盘式破碎机对普通硅酸盐水泥熟料进行破碎，进而利用套筛进行筛分处理，保留小于425μm的熟料颗粒。将筛分得到的熟料、二水石膏、GO放入行星磨中，在250r/min的转速下研磨2.5小时，得到成品水泥（粒度为0～100μm），具体流程如图3.12所示。最后按照方案①中对照组的流程来制备水泥浆体。

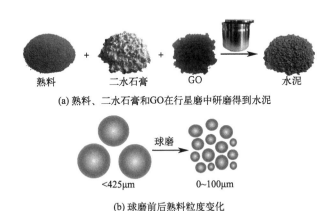

(a) 熟料、二水石膏和GO在行星磨中研磨得到水泥

(b) 球磨前后熟料粒度变化

图3.12 球磨法制备水泥的流程

⑤ 包覆法 首先将浓度为0.05mg/mL的GO水性分散液冷冻干燥7天得到固体状GO，然后将GO放入异丙醇中，在冰浴条件下超声12小时，此时GO纳米片全部分散在异丙醇中。将得到的混合液静置沉降1天，然后离心过滤得到分散良好的GO/异丙醇悬浮液。将水泥颗粒放于异丙醇中超声30min活化其表面，然后将GO/异丙醇混合液缓慢滴加到水泥悬浮液中，持续搅拌24小时，使GO充分包覆在水泥颗粒表面。最后按照方案①中对照组的流程来制备水泥浆体。

为了避免水泥中混合材等掺加物对X-CT的干扰作用，上述实验方案中的水泥均通过实验室行星磨自行制备，其中熟料和二水石膏的质量分数分别为96%和4%，所有样品制备过程中GO掺量为水泥质量的0.04%（包覆法为0.3%和0.6%），水灰比为0.45。此外，如图3.13所示，球磨法制备的水泥与其他实验组使用的水泥具有一致的粒度分布，其平均粒度和中位粒度分别约为9.5μm和6.5μm，避免了水泥粒度因素对实验的影响，保证了测试结果的可信性。成型的水泥净浆试块标准养护至预期时间后进行相关测试。

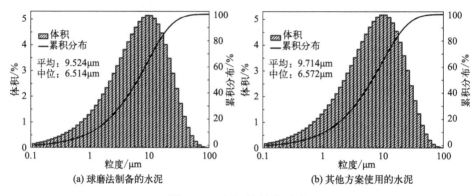

图3.13 水泥的粒度分布

3.3.1 高速搅拌法

将不同分散方法制备的GO改性水泥试块养护至7天龄期后，通过钻心取样的方法制备X-CT样品，具体分析过程如下。

X-CT实时成像技术是一种新兴的无损检测技术，其成像原理是基于X射线经过检测试样后产生的线性衰减行为。X射线衰减遵从Lambert-Beer定律的指数关系[115]：

$$I = I_0 e^{-\mu l} \quad (3.1)$$

式中，I_0是X射线原始的强度；I是X射线衰减后的强度；μ是线性衰减系数，主要由材料的密度决定；l是测试对象的厚度。通常，获取的X-CT切片图像可以用灰度值表示，对于16位的图片，其数值范围在0～65535之间。因此，切片图像灰度值的分布与材料的密度紧密相关，高密度的物质会呈现得亮一些，低密度的物质会显示得相对暗一些。硬化水泥浆体主要由孔、水化产物和未水化的水泥颗粒组成，这些物相拥有不同的密度，因此可以通过图像处理的方法将它们分割开来。

本书使用Avizo软件中的阈值分割功能（thresholding method）进行

不同物相的分离鉴定，具体流程如下。①首先将原始图像的灰度值数据（C）导出，见图3.14（a），所有水泥试块的灰度值分布存在三个峰，对应着三种不同的物质。为了更加清晰地区分出这三种物相，将原始的灰度值转化为8位图像，灰度值分布在0～255之间。此外，只对峰值附近的"感兴趣区"进行高斯函数的拟合，两个高斯函数的交叉点定义为不同物相的临界值。②不同试样峰值部分的拟合结果见图3.14（b）、（c）、（d），三个不同的峰均可用高斯函数进行拟合，表明用阈值分割法鉴定物相是可行的。一般，三种物相的密度差异为：未水化水泥颗粒密度＞水化产物密度＞孔/GO密度。根据这个规则，不同物相之间的临界灰度值见表3.2。特别说明的是，对照组和球磨组试样的灰度值分布基本一致，因此本节只选用了对照组的数据进行分析和展示。

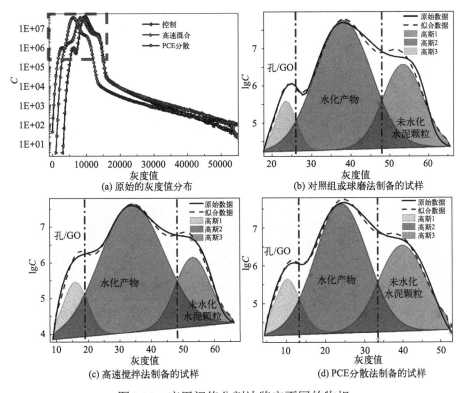

图3.14 应用阈值分割法鉴定不同的物相

三个拟合的高斯函数分别对应着孔/GO相、水化产物和未水化水泥颗粒

表3.2 不同试样的临界灰度值分布

制备方法	孔/GO	水化产物	未水化水泥颗粒
对照/球磨组	<25.97	25.97～47.7	>47.7
高速搅拌组	<19.02	19.02～48.44	>48.44
PCE分散组	<13.47	13.47～33.74	>33.74

注：上表结果均基于水泥水化7天后的产物分析。

根据上述分析得出的物相临界值，在Avizo软件中对不同的物相进行标记渲染处理，对照组试样的X-CT分析结果如图3.15所示。在CT原始灰度图中[图3.15（a）]，可以明显看出不同的亮度值差异，最暗的为孔/GO，次之为水化产物，最亮的是未完全水化的水泥颗粒。同时，对比图3.15（a）、（b）两幅图可知，通过Avizo软件标记的孔与原始的孔大小、形貌等特征一致，表明临界值标记法是可行的。图3.15（c）三维重构的孔分布模型表明，对照组基体中的孔尺寸大小不一，零散地分布在水泥基体中，且球形度较好。

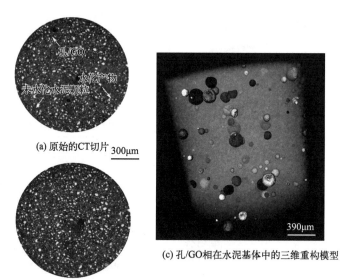

图3.15 对照组试样的X-CT分析结果

高速搅拌法制备试样的X-CT分析结果如图3.16所示。如图3.16（a）

所示，相比于对照组，原始CT图像中球形度较好的孔基本消失，出现了许多形状不规则的GO团聚物。同时，对比图3.16（a）、（b），GO团聚物能够被成功标记分离出来。图3.16（c）的三维重构模型显示，GO团聚物尺寸大小分布不均，从几十微米到上百微米均存在，呈现扁平状，与对照组的球形孔呈现明显的形貌差异。上述X-CT的结果表明，通过物理剪切及强力搅拌的方式并不能防止GO在水泥基体中的团聚行为，高速搅拌法不能用于GO改性水泥材料的制备。

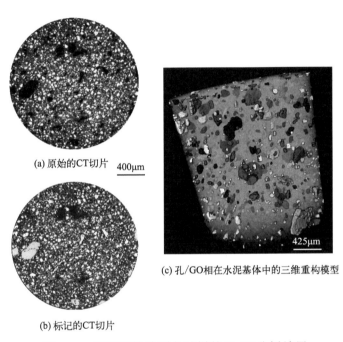

(a) 原始的CT切片

(b) 标记的CT切片

(c) 孔/GO相在水泥基体中的三维重构模型

图3.16 高速搅拌法制备试样的X-CT分析结果

图3.17所示为高速搅拌法制备试样养护7天后的微观结构。由图可知，视野范围内存在较多的水化产物、孔洞和扁平状团聚物。为了更好地分析这些扁平物的化学组成，相关的EDS点元素组成见表3.3。这些物质主要由碳元素、氧元素、钙元素和硅元素组成，其中碳、氧元素的占比达到了70%～80%，碳元素占到了25%～31%，结合特殊的褶皱形貌推断这些扁平物是GO团聚物。EDS分析中的钙元素是由于水化产物覆盖在其表面导致的。GO团聚物尺寸较大，在100μm左右，形态不

规则，片层中间引入了较大的孔洞，整体呈现不均匀、不致密的聚集状态，这些观察结论与上述X-CT得到的结果一致。此外，GO团聚物引入了大量的缺陷和孔洞导致水泥基体内部结构较疏松，势必会造成强度及耐久性等性能的下降。

图3.17　高速搅拌法制备试样养护7天后的微观结构

表3.3　EDS点的元素组成

EDS	元素质量分数/%			
	C	O	Ca	Si
EDS1	25.52	44.57	25.13	4.78
EDS2	31.79	48.51	14.42	5.28

3.3.2　PCE分散法

根据3.3.1节的分析，高速搅拌法并不能防止GO在水泥基体中的团聚现象，这主要是由于GO与二价阳离子之间的络合作用是一种化学行为，物理方式的作用有限。在GO与水泥颗粒一开始接触搅拌的过程中，GO已经发生明显的团聚，因此同步过程中的强力搅拌效果并不理想。基于GO团聚主要是由—COOH与Ca^{2+}之间的络合作用引起，本书又尝试了利用PCE来改善GO的分散性。PCE改善GO分散的出发点主要为PCE分子表面含有大量的—COOH官能团，当PCE预先与GO混合后再遇到水化产生的Ca^{2+}、Mg^{2+}，吸附在GO表面的PCE会优先反应，充当"牺牲剂"的作用，从而在一定程度上保护GO片层使其不团聚[116]。此外，PCE特殊的梳状结构在分子层面形成一定的空间位阻效应[80]，也能够有效防止GO片层堆叠在一起。

为了寻找PCE分散GO的最佳质量比例，首先开展了PCE/GO悬浮液的UV-Vis测试，本实验中GO的浓度固定为0.03mg/mL。如图3.18所示，所有的吸光度曲线呈现一致的规律：随着波长的增加，吸光度先增加后下降。在所有曲线中，存在两个较为明显的峰，230nm处的π-π^*跃迁和310nm处的n-π^*跃迁[117]。由Lambert-Beer定律可知，吸光度与溶液中物质的浓度成正比，因此吸光度越高，表示溶液中悬浮的GO纳米片越多，GO分散得越好。在图3.18中，加入PCE后，GO的吸光度均有所增加，说明PCE可以促进GO在水中的分散。此外，GO的吸光度随着PCE浓度的上升先增大后下降，表明PCE分散GO存在最优的比例范围。当PCE/GO的比例为2时，其吸光度最大，此时GO的分散效果最好，这一结果与其他文献陈述的结论是类似的[74]。

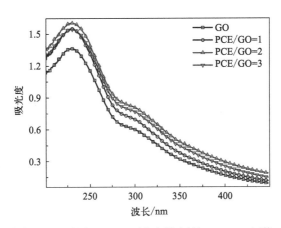

图3.18 不同PCE/GO浓度比例的UV-Vis光谱

PCE分散法制备试样的X-CT分析结果如图3.19所示。由图可知，对比图3.16，无论是原始的二维CT切片还是三维重构模型，形状不规则的GO团聚物均大幅降低，图像中分布着球形度较好的孔，这与对照组观察的结果类似，表明PCE能够明显改善GO在水泥基体中的分散性，发挥了"牺牲剂"的作用，保护GO不与Ca^{2+}反应。但是，也应该注意到在视野范围内仍然能够看到少量存在的扁平状团聚物,这也从侧面反映出PCE分散GO有一定的局限性,即使在最优的分散比例范围内,PCE还是不能够完全阻止GO的团聚行为。PCE虽然预先包覆在了GO片层的周围,但由于GO边缘—COOH分布存在不确定性,当水泥水化释放Ca^{2+}时,仍然会有少量的—COOH不可避免地与Ca^{2+}发生络合反应,导致GO片层团聚在一起。

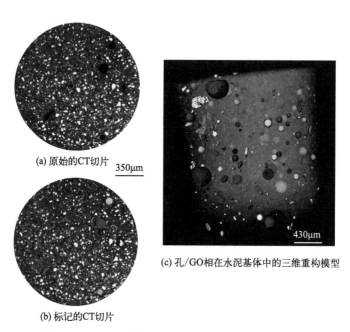

(a) 原始的CT切片

(b) 标记的CT切片

(c) 孔/GO相在水泥基体中的三维重构模型

图3.19　PCE分散法制备试样的X-CT分析结果

图3.20所示为PCE分散法制备水泥试块养护7天后的微观结构。从

图3.20　PCE分散法制备水泥试块养护7天后的微观结构

图中的褶皱物及表3.4的EDS点元素组成可以得出，图中打点处的物质为GO。由图可知，GO在水化产物中呈现单片的分布状态，没有明显的团聚行为，这说明PCE改善了GO的分散性，有助于水泥基体性能的改善。

表3.4 EDS点的元素组成

EDS	元素质量分数/%			
	C	O	Ca	Si
EDS1	23.93	51.90	20.47	3.70
EDS2	23.46	51.41	21.13	4.00

3.3.3 球磨法

3.3.2节的研究结果表明，PCE可以大幅改善GO在水泥基体中的分散性，在一定程度上有效地避免了GO的团聚行为。但由于液体环境中GO表面—COOH与Ca^{2+}反应的不确定性导致仍有残存的GO团聚物。从GO的团聚机理可知，团聚物是许多GO纳米片不断反应交联在一起形成的。PCE分散采用的是牺牲一定的—COOH来保护GO，此外也可以考虑利用水泥颗粒将不同的GO纳米片预先分离开，使其在水化过程中不能连接在一起，从而达到阻止GO团聚的目的。

通常，成品水泥是由煅烧的熟料、石膏以及混合材通过球磨机研磨得到。球磨过程不仅可以将颗粒由粗变细，而且实现了各种物料的均匀混合。受水泥制备过程的启发，本小节试图将水泥熟料、二水石膏和GO通过行星磨进行研磨，在制备水泥的过程中通过研磨体不断地摩擦和碰撞将GO预先均匀分散在水泥颗粒中，示意图如图3.21所示。

球磨法制备试样水化前的微观结构如图3.22所示。首先为了验证视野中的褶皱物为GO，进行EDS元素分析。图3.22中打点处的元素组成主要为碳、氧、钙，碳、氧占比达到了85%～90%，表3.5为球磨组试样水化前EDS点的元素组成。因此可以推断这些褶皱物为GO。由图3.22可知，GO纳米片单独分散在水泥颗粒中，四周基本被水泥颗粒包围，附近没有相邻的GO存在，表明球磨工艺可以达到预先用水泥颗粒分离GO纳米片的目的。

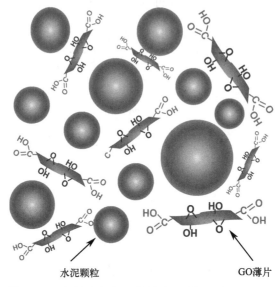

图3.21 球磨法在水泥基体中分散GO的示意图

图3.22 球磨法制备试样水化前的微观结构

表3.5 球磨法制备试样水化前EDS点的元素组成

EDS	元素质量分数/%		
	C	O	Ca
EDS1	56.60	28.85	14.55
EDS2	63.67	26.99	9.34

图3.23所示为球磨法制备试样水化7天后的微观结构，EDS分析说

明视野中的褶皱物为GO。从图中可知，GO纳米片贯穿在水化产物的表面或孔洞中，在水化后仍然以单独分离的状态存在，并未出现高速搅拌组出现的不规则团聚物。水化前（图3.22）和水化后（图3.23）GO的分布状态说明球磨法可以实现将GO分散在水泥颗粒中，利用颗粒之间的阻碍作用防止GO片层相互团聚。表3.6为球磨法制备试样水化7天后EDS点的元素组成。

图3.23　球磨法制备试样水化7天后的微观结构

表3.6　球磨法制备试样水化7天后EDS点的元素组成

EDS	元素质量分数/%			
	C	O	Ca	Si
EDS1	21.12	40.93	32.17	5.78
EDS2	19.03	40.23	34.23	6.51

图3.24所示为球磨法制备GO改性水泥试块的X-CT分析。对比图3.24（a）、（b）可知，水泥基体中的孔被成功标记出来。图3.24（c）显示三维空间中零星地分布着球形度较好的孔洞，基本未观察到不规则的GO团聚物，表明球磨法可以实现将GO均匀分散在水泥中，这与上述SEM观察得到的结论一致。

3.3.4　包覆法

3.3.3节的实验结果表明：通过球磨工艺可以将GO纳米片预先分散在水泥颗粒中，进而利用水泥颗粒之间的阻碍作用防止GO相互团

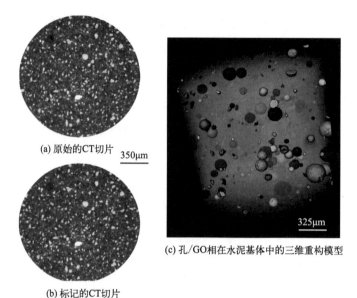

(a) 原始的CT切片 350μm
(b) 标记的CT切片
(c) 孔/GO相在水泥基体中的三维重构模型

图3.24　球磨法制备GO改性水泥试样的X-CT分析

聚。基于同样的GO/水泥颗粒分离思路，本小节探讨了GO包覆水泥颗粒的分散效果。

GO包覆水泥颗粒的微观结构如图3.25所示。EDS结果表明，图3.25（a）粉煤灰和图3.25（b）水泥颗粒表面的褶皱物为GO。由图可知，GO纳米片紧紧贴合在水泥颗粒表面，以单独分离的形式存在，周围没有其他GO。因此，基于球磨分散的空间分布效果，可以推断利用包覆

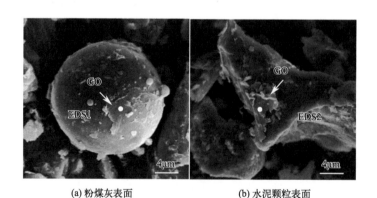

(a) 粉煤灰表面　　　　　(b) 水泥颗粒表面

图3.25　GO包覆水泥颗粒的微观结构

法将GO分散在水泥颗粒中,阻止其团聚同样也是可行的。本小节中,由于包覆法制备工艺的限制,所取得的水泥成品量较少且X-CT无法观察到水化后的GO,所以未展示GO相关的空间分布情况。表3.7为GO包覆水泥颗粒EDS点的元素组成。

表3.7 EDS点的元素组成

EDS	元素质量分数/%				
	C	O	Ca	Si	Al
EDS1	16.89	41.58	15.66	10.73	15.14
EDS2	20.45	46.14	12.11	11.72	9.58

3.3.5 不同分散方法对强度及孔结构的影响

在3.3.1～3.3.4节中,基于可视化观察的目标,通过X-CT和SEM分别从二维及三维的角度出发,研究了4种不同的分散方式对GO空间分布的影响。为了建立更加完善的GO分散性科学评价体系,本小节探究了不同分散方法对GO改性水泥基体孔结构及宏观强度的影响。

孔结构能够影响水泥基材料的强度及耐久性,是试样制备过程、水泥水化等因素综合作用的结果。MIP是一种常用的测试水泥孔结构的方法,其优点是可以准确分析纳米及微米层面的孔结构参数,但此法通常在测试过程及后期的数据处理上对大孔参数有一定的误差性。本书使用的X-CT仪器分辨率虽然可以达到亚微米,但对纳米及微米尺度的数据分析存在较大的误差性。因此,本小节结合了两种测试方法在不同尺度层面的优势,采用X-CT和MIP相结合的方式,以探究不同分散方法对水泥基体孔结构的影响变化规律。

X-CT对孔结构的分析主要以等效直径和球形度等形态学参数来表示,结果见图3.26。图3.26(a)对照组中的数据点最少,其他三幅图的数据点明显增加;图3.26(b)高速搅拌组试样的等效直径最大,可达350μm,同时其球形度也最低,部分在0.5以下,表明生成的GO团聚物尺寸大且形状不规则。通过PCE分散法和球磨法可以明显降低等效直径，改善球形度，说明这两种方法对GO分散有积极的改善作用。

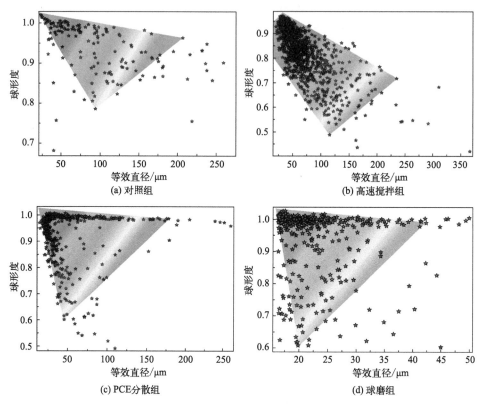

图3.26 不同试样中孔/GO的等效直径和球形度分布
图中灰色标记区域代表数据点的集中区

不同分散方法制备水泥浆体的孔结构分析结果如图3.27和表3.8所示。从图中可知，所有曲线的变化趋势一致，进汞量随孔径的增大先上升后下降，曲线的典型特征峰所对应的孔径为最可几孔径。高速搅拌试样的进汞量最高，孔隙率、最可几孔径、平均孔径、中位孔径的尺寸最大，其他试样的孔结构参数明显下降，表明高速搅拌法引入了大量的缺陷孔洞，这与上述X-CT观察的结果一致。整体来看，高速搅拌组试样的孔参数最大，加入PCE后降低了孔尺寸，球磨组的孔参数与对照组相似，孔结构均有所优化，说明其分散效果最好。

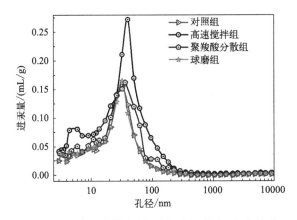

图 3.27　不同分散方法制备水泥浆体的孔结构

表 3.8　不同分散方法制备水泥浆体的孔结构分析

样品	孔隙率/%	孔曲折度	平均孔径/nm	最可几孔径/nm	中位孔径（体积）/nm
对照组	21.19	24.00	17.30	31.47	31.50
高速搅拌组	31.91	37.64	19.80	39.75	39.50
PCE 分散组	23.32	27.52	17.80	34.46	32.80
球磨组	21.58	24.26	17.41	31.85	31.68

图 3.28 所示为高速搅拌法、PCE 分散法和球磨法制备 GO 改性水泥砂浆的力学强度。从平均强度来看，GO 可以略微提高砂浆的 3 天和 28 天抗压、抗折强度，且 PCE 分散法和球磨法制备试样的提高幅度更大。从强度数据的离散性来看，高速搅拌法的强度数据分布极不均匀，离散性最高；最好的为球磨法，次之为 PCE 分散法，强度数据间接证明球磨法和 PCE 分散法能够改善 GO 的分散性。

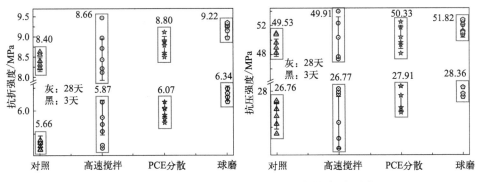

图 3.28　不同分散方法制备水泥砂浆的力学强度

由于包覆法制备GO改性水泥的成品量较少，无法制备砂浆试件，因此通过净浆研究包覆法对抗压强度的影响，结果见图3.29。如图3.29所示，抗压强度随GO掺量的增加有所增大，且相比对照组，GO改性水泥的强度数据分散均匀，离散性小，表明包覆法可以将GO均匀分散在水泥中。

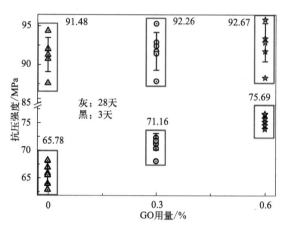

图3.29　GO包覆水泥净浆的抗压强度

3.4　本章小结

本章首先表征了GO团聚物的形态学特征，并对其团聚机理进行了分析，在此基础上研究了不同分散方法对GO空间分布的影响规律。主要结果如下。

① 通过SEM和X-CT表征了GO团聚物，等效直径可达125μm，纵向厚度为12μm，球形度在0.2～0.7之间，呈现不规则形状特征。通过FT-IR发现GO表面—COOH与Ca^{2+}等二价阳离子之间的络合作用以及强碱性条件下的还原反应是导致GO团聚的主要原因。

② 基于GO的团聚机理，提出了不同的分散方法。实验结果表明，通过物理剪切及强力搅拌的方式并不能阻止GO的团聚行为。PCE在水

溶液中分散GO的最佳质量比为2，PCE发挥了"牺牲剂"的作用，大幅改善了GO的分散性。球磨法和包覆法均可以通过水泥颗粒的位阻效应防止GO团聚。宏观强度的数据离散性间接验证了不同方法的分散效果。

综上所述，高速搅拌法不能用于GO改性水泥样品的制备，PCE分散法和球磨法可以改善GO的分散性，适用于大宗性能实验研究，而包覆法制备样品产量小，适用于探究水泥水化等细微研究。

第4章 石墨烯改性水泥基材料的导热及温变性能研究

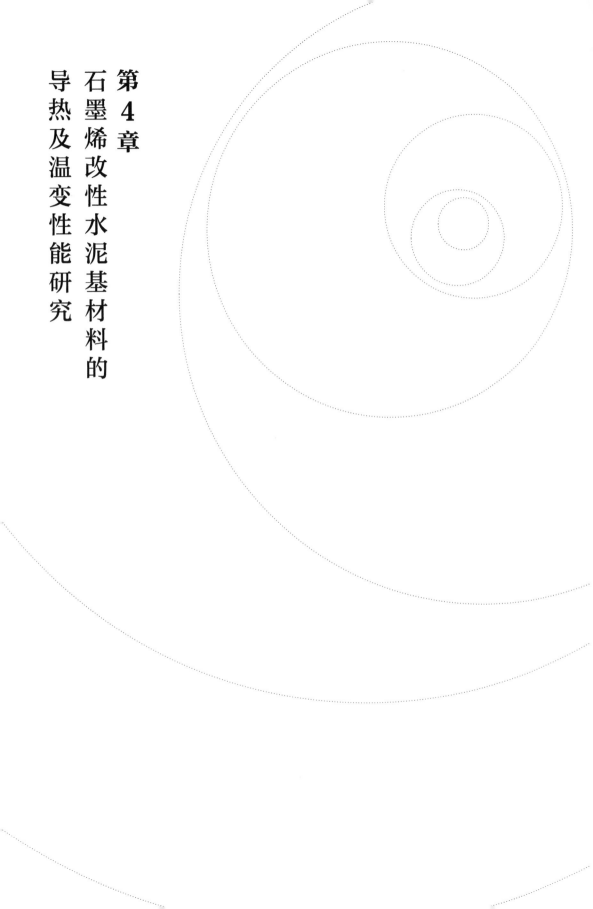

4.1 引言

目前工业生产的水泥粒度普遍较细，比表面积增大，熟料中硅酸三钙及铝酸三钙的含量有所增加[2]。这些水泥成分的变化虽然对混凝土早期强度的提高有利，但却增加了水泥混凝土的温变收缩[118,119]。通常，在大体积混凝土施工期间，水化热会引起浇筑体内部温度剧烈升高，混凝土表层散热快，从而产生内外温差，在混凝土结构体中形成温度应力，导致表面裂缝甚至发展为贯穿性裂缝，影响建筑物的安全性和耐久性[120,121]。控制混凝土浇筑体因水化放热引起的内外温差，防止混凝土结构出现有害的温变收缩裂缝是促进混凝土技术发展的关键问题之一。

石墨烯是目前已知强度最高、导热性最好的纳米材料。本章拟借助石墨烯的高导热性能，将其均匀分散在水泥基体中，发挥石墨烯的"纳米导热片"作用，在水泥基体中构建有效的导热网络，使水泥硬化浆体保持温变均匀，降低因温变收缩带来的裂缝损伤。rGO是GO经化学还原或热还原等一定方法处理得到的石墨烯[122,123]。其中，氧化还原法制备的rGO具有低成本、高产量、高导热系数的优点，是目前工业化大规模制备石墨烯的主要方法[124,125]。鉴于水泥混凝土使用量较大，从实验成本及材料性能的角度考虑，本章使用rGO改性水泥基材料。通常，由于还原条件的局限性，无论采用哪种还原方法，所制备的rGO仍残留少量的含氧官能团且其碳原子层的共轭结构也存在一定的缺陷。rGO表面存在残余的含氧官能团，在水泥水化后的碱性环境中也会发生类似GO的化学交联作用，且rGO的化学稳定性高，亲水性差，片层间的π-π作用及范德瓦耳斯力易产生团聚堆叠现象[126,127]。因此，第3章中掌握的GO分散方法及相关表征技术对rGO在水泥基体中的分散也具有针对性的指导意义。

在第3章研究的基础上，本章首先通过PCE分散法制备了均匀分散的rGO水性悬浮液，利用UV-Vis和沉降实验分别探究了rGO分散液的均匀性及时域稳定性，进而采用X-CT和SEM分析了rGO在水泥基体中的分散性。在保证rGO均匀分散的前提下，研究了不同掺量的rGO对水泥材料导热系数及热扩散系数的影响规律，旨在借助rGO将水泥水化热的传导与扩散控制在合适范围内，提高硬化水泥石的导热能力，平衡热量扩散使硬化水泥浆体保持温度变化均匀。最后，以提高大体积砂浆的导热能力、缩减内外温差为主要目标，探究了掺加1.2%的rGO对砂浆内外温度变化及温差应变的影响规律，明确了热量传递的控制条件。同时，辅以球磨法分散rGO，探究了更高rGO掺量对水泥材料导热能力的影响规律，弥补了PCE分散法rGO掺量受限的短板。本章内容为解决大体积混凝土的温差裂缝问题提供了新的研究思路及理论基础。

4.2 石墨烯的分散性研究

4.2.1 原材料表征

本节所用普通硅酸盐水泥（P·O 42.5）购买自山水水泥集团有限公司，其化学组成见表4.1，粒度分布见图4.1。由图可知，水泥的粒度主要集中在1～50μm，其平均粒度和中位粒度分别是10.97μm、7.62μm。

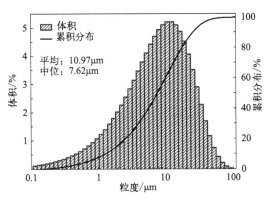

图4.1 水泥的粒度分布

表4.1　水泥的化学组成　　　　　　　　　单位：%

化学组成	CaO	SiO_2	Al_2O_3	Fe_2O_3	MgO	SO_3	Na_2O	K_2O	损失
含量	63.15	21.78	4.05	3.98	2.97	0.38	0.30	1.34	2.05

本节实验中采用的rGO由常州第六元素材料科技股份有限公司生产，其物理表观性能如表4.2所示。

表4.2　rGO的物理表观性能

项目	纯度/%	比表面积/(m^2/g)	外观
数据	>98	225～300	黑色粉体

采用XPS、Raman、FT-IR及AFM分别对rGO的元素组成、结构、表面官能团及形貌厚度等参数进行表征，结果如下：在图4.2（a）的XPS中，rGO主要由碳、氧两种元素组成，分别占比95.42%、4.58%。图4.2（b）的Raman显示，rGO也存在明显的D（1354cm^{-1}）和G（1588cm^{-1}）特征峰，且I_D/I_G为0.83，相比于GO的Raman图谱，rGO的D峰强度明显降低，说明rGO经化学还原后，结构虽然有所恢复，但仍然存在一定的缺陷。图4.2（c）是rGO的FT-IR光谱，从图中可知，rGO存在三个明显的吸收峰，分别位于3451cm^{-1}、1642cm^{-1}、1017cm^{-1}处，依次对应的为—OH、C═C、—O—的振动峰，表明rGO表面存在—OH、—O—等含氧官能团，上述rGO的性能表征与其他文献陈述的结果是类似的[128]。rGO的AFM结果如图4.2（d）所示，rGO是二维片状结构，厚度在1.2～1.4nm，大约两层。此外，根据激光导热仪测试的rGO导热系数为243.2W/(m·K)。

本节大体积砂浆实验中使用的拌和用砂为机制砂，其细度模数为3.15，表观密度为2820kg/m^3。

本节实验所用的PCE分散剂、水泥熟料和二水石膏同第3章所用的原材料。

本节实验中使用的纤维素醚购买自国药集团化学试剂有限公司，实验用水为去离子水和自来水。

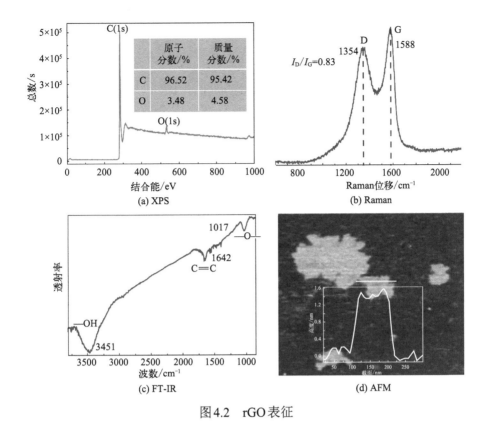

图 4.2 rGO 表征

4.2.2 石墨烯水性悬浮液的分散性表征

本小节通过 PCE 分散剂和超声来制备 rGO 水性悬浮液,探究不同浓度的 PCE 对 rGO 分散性和稳定性的影响规律,具体制备过程如下:首先分别准备浓度为 0、0.02mg/mL、0.04mg/mL、0.08mg/mL、0.16mg/mL、0.24mg/mL 的 PCE 溶液(100mL),然后将 4mg 的 rGO 分别加入上述不同浓度的 PCE 溶液中,PCE/rGO 的质量比分别为 0、0.5、1、2、4、6。然后将所得的混合悬浮液机械搅拌至表面无 rGO 残留后,在冰浴的条件下继续超声 60min,制得 rGO 水性悬浮液。借助 UV-Vis 和沉降实验分别探究 PCE 对 rGO 在水中分散性和时域稳定性的影响规律。

对不同 PCE 掺量下的 rGO 水性悬浮液进行吸光度测试,实验结果如

图4.3所示。图中所有的吸光度曲线基本呈现了一致的变化规律：随着波长增加，吸光度先增加后下降，在260～300nm之间呈现了一个强吸收峰，这与其他文献陈述的结果是类似的[129]。根据Lambert-Beer定律可知，rGO水性悬浮液的吸光度越大表明其在水中分散得越好[130]。如图4.3所示，单掺rGO的水性悬浮液其吸光度小于0.12，当加入PCE后，rGO水性悬浮液的吸光度变化明显，其最大峰值基本大于0.20，这说明PCE改善了rGO在水中的分散性。PCE是典型的梳状结构，对rGO有较强的静电排斥和空间位阻作用，使rGO纳米片不能够相互团聚，改善了rGO在水中的分散性[74,131]。此外，不同掺量的PCE对rGO的分散性也有较大的影响，当PCE/rGO的质量比在0.5～4时，rGO水性悬浮液的吸光度变化不大，表明此时接近rGO分散的极限值，当PCE/rGO为6时，吸光度明显下降。当PCE/rGO的比例为0.5时，对应的rGO水性悬浮液吸光度达到最大值，此时rGO在水中分散的浓度最高，rGO的分散效果最好。

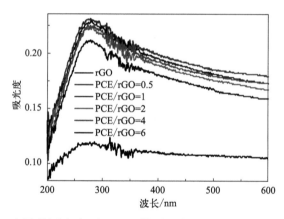

图4.3　rGO水性悬浮液在不同PCE掺量下的UV-Vis光谱（见书后彩插）

上述吸光度测试是在rGO水性悬浮液制备完成后即时开展的实验，反映了短时间内不同PCE浓度对rGO分散性的影响规律。为了进一步验证PCE对rGO分散时域稳定性的影响，本书又利用沉降实验表征了rGO水性悬浮液稳定性随时间的变化规律，结果见图4.4。由图4.4可知，刚制备的rGO水性悬浮液黑度分布均匀，没有明显的分层和沉降现象。当静置时间达到48小时，PCE/rGO质量比为0和6的水性悬浮液呈现透明的上清液，黑度分布不均匀，rGO发生了明显的沉降现象，表明此时这两种溶液变得不稳定。当静置时间达到7天时，PCE/rGO质量比为2和4的水性悬浮液也发生了沉降分层现象。相对而言，PCE/rGO质量比为0.5和1的水性悬浮液保持较为稳定，没有肉眼可见的分层现象发生。事实上，在静置7天后，所有的水性悬浮液底部均沉降有大量的rGO，这说明尽管PCE可以极大改善rGO的分散性，但保持时间有限，rGO在水中的团聚是不可避免的[132,133]。为了制备具有良好性能的rGO改性水泥基材料，避免rGO团聚带来的负面影响，在实验中应尽量采用即时制备或保留时间较短的rGO水性悬浮液。

综合上述UV-Vis和沉降实验的结果，本章的水泥净浆及砂浆实验均采用PCE/rGO质量比为0.5时制备的rGO水性悬浮液。

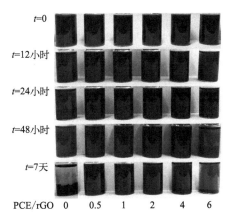

图4.4　rGO水性悬浮液在不同PCE掺量下的时域稳定性

4.2.3　石墨烯在水泥基体中的分散性研究

根据4.2.2节的实验结论，采用PCE/rGO质量比为0.5时来制备rGO水性悬浮液，水的总量即制备水泥净浆的用水量，水灰比固定为0.5，rGO的掺量分别为水泥质量的0、0.3%、0.6%和1.2%。具体制备工艺如下：首先将刚超声制备的rGO水性悬浮液倒入净浆锅中，加入称量好的水泥，开动搅拌机，充分搅拌后将所得的水泥浆体浇筑成型，振动密实120下后放置在养护室内进行标准养护，同时在模具的表面覆盖一层塑料薄膜，防止试样表面水分蒸发；24小时后拆模，然后将试样继续进行标准养护至测试龄期。

图4.5显示了掺加1.2% rGO的水泥净浆水化28天后的微观结构。通过图4.5可知，水化产物无序地缠绕在一起且结构中存在一定的孔洞。净浆表面分布有不规则形状的褶皱物（图中白色虚线椭圆圈部分），对其进行EDS点元素分析测试，结果如表4.3所示，这些褶皱物主要由碳、氧、钙、硅元素组成，其中碳、氧占比高达66%以上。根据其元素组成及特殊的片状结构，判定这些褶皱物是rGO[134,135]。其表面的钙、硅元素是由于EDS在收集信号时受到C-S-H凝胶等水化产物的信号干扰造成的。rGO以单片的状态零散分布在水化产物中，图4.5（a）为在水化产物的表面，图4.5（b）为镶嵌在产物中，没有观察到明显的团聚物，表明rGO均匀分散在水泥基体中。

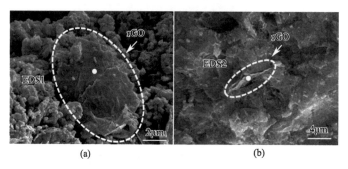

图4.5 rGO在水化产物中分布的微观结构

白色虚线椭圆部分和白点分别为rGO和EDS点

表4.3 EDS点的元素组成

EDS	元素质量分数/%			
	C	O	Ca	Si
EDS1	21.65	44.38	22.54	11.43
EDS2	25.41	42.38	21.05	11.16

为了进一步从三维空间的角度探究rGO在水泥基体中的空间分布情况，本节对掺加1.2% rGO的硬化水泥石进行了X-CT实验，具体的分析过程及结果见图4.6。首先对获取的原始CT切片进行处理，利用Avizo软件中的阈值分割功能将目标中的rGO或孔提取出来。如图4.6所示，阈值分割法可以将水泥石中的孔或rGO成功标记出来，对比原图，提取目标的形貌特征与原始的完全一致。特别说明的是，图中标记区域仅是软件的一种渲染方式，代表了不同区域的目标相。此外，由于rGO的密度较小，CT无法准确地区分rGO与空气，因此只能将两者全部提取出来。将孔或rGO进行阈值分割处理后，对CT图像进行三维重构，建立孔和rGO单独呈现（孔/rGO）以及在水泥基体中的空间立体分布模型图。如图4.6所示，三维的重构模型显示空间中零散分布着球形度较高的孔，在水泥基体中并未观察到类似于图3.16的扁平状团聚物，说明rGO没有相互堆叠在一起形成团聚物，此结论与微观结构（SEM）的观察是吻合的。

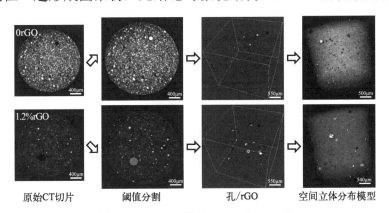

原始CT切片　　阈值分割　　孔/rGO　　空间立体分布模型

图4.6　水泥试样的X-CT分析结果

4.3　石墨烯对水泥导热能力的影响

上述的研究结果表明，PCE改善了rGO在水溶液和水泥基体中的分散性，rGO在硬化水泥石中呈现离散的分布状态。基于此，本节采用PCE分散法研究了不同掺量的rGO对水泥材料导热能力的影响规律。

图4.7所示为rGO改性硬化水泥石的导热系数和热扩散系数。如图4.7所示，硬化水泥石的导热能力在加入rGO后均有明显提高且随掺量的增加逐渐上升。其中，当rGO掺量为1.2%时，所对应的导热系数和热扩散系数分别提高了7.80%和29.00%。此外，从图中可以观察到当rGO掺量介于0和0.6%之间时，导热系数和热扩散系数的增幅明显；当rGO掺量增加到1.2%时，导热能力的增幅明显下降，这可能是由rGO不同的分散状态引起的。当rGO掺量在合适范围时，rGO纳米片可以均匀地分布在水泥产物中，构建导热网络，加强热量的传递与扩散，提高水泥基体的导热能力。然而当rGO掺量过高时，其分散程度受到一定的约束，对基体导热性的提高也随之受限。整体上而言，rGO提高了水泥基体的导热能力，有助于将水化热的传导与扩散控制在合适范围内，进而实现硬化水泥浆体内外温度变化的可控性。

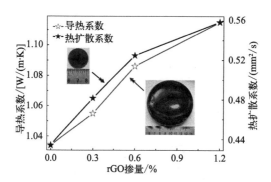

图4.7 rGO改性硬化水泥石的导热系数和热扩散系数

左边插图是测试导热系数的试样，右边插图是测试热扩散系数的试样（rGO掺量为1.2%）

4.4 石墨烯对大体积砂浆内外温差的影响

水泥水化是一个化学放热、体积变化的过程，并凝结硬化成富含孔隙和水的石状体。由于水化物、空气和水均是热的不良导体，水泥在大体积结构物硬化过程中释放的水化热会产生较大的温度应力，如控制不当，易造成温度裂缝等危害，影响结构物的整体性和耐久性[136,137]。上述4.3节的实验结果表明，通过掺加rGO纳米片可以提高水泥材料的导热能力，对控制混凝土浇筑体的内外温差具有极大的潜力和优势。基于此，本节通过PCE分散法制备掺加1.2% rGO的大体积砂浆，进而研究rGO对砂浆内外温差及温度微应变的影响。

图4.8所示为大体积砂浆内外温差测试的实验流程。具体细节说明如下。①制备大体积砂浆成型模具。考虑到砂浆保温性和稳定性的要求，本节实验使用改装后的泡沫箱。首先购买长方形的泡沫箱，其内径尺寸为68cm×48cm×41cm，泡沫箱的厚度大约为4cm。为了提高其坚固性，在泡沫箱的外围缠绕3圈塑料胶带后再绑定加固的木板。②在模具中放置传感器支架。在搭建完木质支架后，分别将温度传感器和应变传感器固定在支架特定的位置，然后将整个支架放入泡沫箱中以备测试。③浇筑大体积砂浆。将充分搅拌的砂浆倒入泡沫箱中，由于泡沫箱容量大，搅拌机一次搅拌的容量有限，浇筑完整个泡沫箱大约需要搅拌5次砂浆，每次浇筑间隔时间大约为20min，每次浇筑完成后用振动器进行充分振实。同时，在每次浇筑时注意保护支架及传感器。④记录温度及微应变数据。在浇筑完全部砂浆后，在其表面覆盖湿布进行养护，通过无线自动测温系统开始记录温度及微应变数据。⑤处理相关数据。

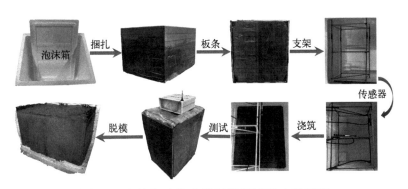

图4.8 大体积砂浆内外温差测试的实验流程

按照国标GB/T 51028—2015《大体积混凝土温度测控技术规范》的

要求[138]，大体积砂浆的内外温差测试分为三层（表层、中间层和底层），每层在试块的中央和边缘分别放置一个温度传感器。同时分别在试块中央的横、纵向边缘位置放置一个应变传感器，支架的尺寸细节及位置信息如图4.9所示。特别说明的是，图4.9中的支架只占据了模具中1/4的位置，整个传感器支架在泡沫箱中的俯视位置如图4.10所示。

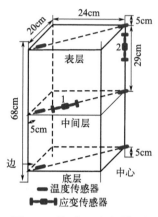

图4.9　传感器支架模型

图4.10　传感器支架在泡沫箱中的俯视位置

大体积砂浆的设计配合比按照搅拌机的容量进行设计，各种原料每次称量的质量如下，浇筑完整个泡沫箱需要搅拌5组料。

对照组：水泥17kg，水10kg，机制砂23kg，PCE 15g，纤维素醚5.6g；

实验组（掺加1.2% rGO）：水泥17kg，机制砂23kg，纤维素醚5.6g。

水分两次加入，首先加6kg的水用于分散204g rGO（水中预先加入102g PCE），剩余的4kg水（含15g PCE）用于预先与水泥等原材料搅拌分散用。

大体积砂浆的温度测试周期在140小时左右，两次砂浆测试间隔时间接近7天，环境温度的变化可能会影响温度测试的准确性，本书通过温度传感器同时记录了砂浆测试过程中外围环境温度的变化规律，如图4.11所示。由图可知，两次测试过程中温度变化的趋势基本一致，环境温度未出现较大的差异，避免了外围温度对大体积砂浆传热的影响。

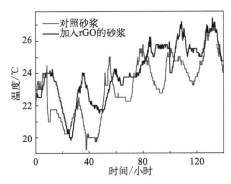

图4.11 砂浆试样外围的环境温度变化

对照组实验砂浆试块的测温结果如图4.12所示。从图中可知，砂浆试块每层中心和边缘位置温度曲线的变化趋势基本一致，均随水化时间的延长逐渐上升达到峰值后缓慢下降，在21～25小时之间达到温度峰值。表层、中间层、底层的最高温度点均在中心位置处，依次为84℃、93℃、88.5℃，边缘位置的温度低于中心位置，分别为78.5℃、82.5℃、82.5℃。其中，同一位置处表层和底层的温度接近，且低于中间层的温度，这主要是由于表层和底层均在试块的边缘，易于散热导致的。三层的最高温差分别为5.5℃、10.5℃和6℃，满足了工程中大体积混凝土内外温差小于25℃的要求[20,139]。此外，图4.12（d）表明不同位置处的温度应变均随水化时间的延长逐渐增大，且1#传感器的应变值大于2#传感器。这是由于1#传感器位于中间层，内外温差达到10.5℃，远大于底层和表层的温差4.5℃。

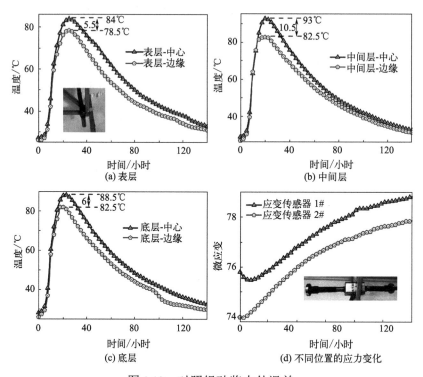

图4.12 对照组砂浆内外温差

（a）插图为温度传感器；（d）插图是应变传感器；（d）插图中，1#在中间层，2#在中间层和表层的垂直处

图4.13展示了掺加1.2% rGO大体积砂浆不同位置处的温度变化规律。由图可知，三层中心位置处的最高温度依次为82℃、92.5℃和87.75℃，边缘的最高温度分别为81℃、88.5℃和86.5℃。相比于对照组的温度数据，尽管中心位置处的最高温度基本一致，但边缘的最高温度明显有所增加。这主要是由于rGO增强了砂浆试块整体的导热传输能力，及时将中心位置处的热量传递到边缘位置，从而降低了内外温差。三层的最高温差为1℃、4℃和1.25℃，远低于对照组的温差数据。同时，图4.13（d）的微应变位于69～76之间，同时间内低于图4.12中的数值（74～79）。此外，还可以发现2#传感器的应变大于1#传感器，这与图4.12是不同的。1#传感器的温差为4℃，而2#传感器的温差为10℃左右，不同的温差导致了应变的变化。

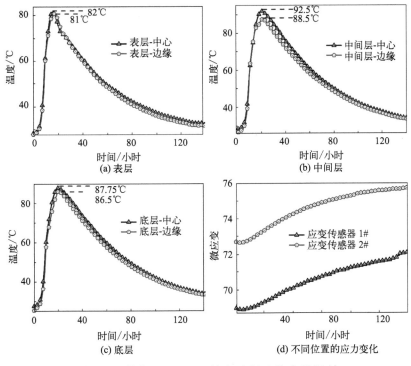

图4.13 掺加1.2% rGO的实验组砂浆内外温差

为了更加明确地分析水泥基体中的热量变化，基于X-CT扫描图像，利用VG Studio MAX软件中的"Thermal conduction"模块对样品进行有关热量场的模拟计算。"Thermal conduction"模块基于每种材料不同的导热系数，根据傅里叶定律对热通量场进行计算，旨在模拟热量通过多孔材料的稳态传导过程。模拟算法是一个迭代过程，其结果通过不断的迭代计算会聚到精确解。会聚误差是给出解与精确解差异的估值，本实验定为10^{-6}。具体操作如下：首先在VG Studio MAX中截取相同的样品体积，然后定义进口（10℃）和出口（0℃），并为进口和出口指定两个不同的温度驱动量值（本实验中设定为10℃）。输入材料的导热系数进行计算，其中对照组和实验组的导热系数分别为1.034W/（m·K）和1.115W/（m·K），空气的导热系数为0.023W/（m·K）。本实验忽略了对流与热辐射对结果的影响，其计算结果包括可视化的温度场和热通量场。

图4.14显示了由VG Studio MAX软件模拟计算的相对温度场及热通

量场。左图为0～10℃的相对温度场，由于两个样品的温度差及体积是相同的，因此两者的温度场一致。右图是计算的热通量场结果，以样品中心的热场分布图作为代表进行分析。如图4.14所示，对照组样品颜色分布不均匀，差异明显，存在较多的高热通量区域，表明水泥基体中的热量不能够有效地从中心位置扩散到边缘区域，热量的传输及分布不均匀。实验组整体颜色差异不明显，高热通量区域显著减少且色度有所降低，整体来看热量分布较均匀，说明rGO有助于提高水泥基体的导热能力，加速热量的传导与扩散。

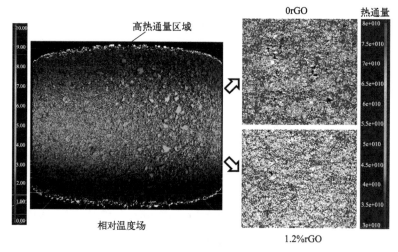

图4.14 水泥基体的相对温度场（左）及热通量场（右）模拟结果（见书后彩插）

综上所述，分散均匀的rGO可以在水泥基体中作为有效的导热剂，增强基体的导热能力，加速因水化热产生的热量扩散，从而缩小内外温差，降低因温度应力引起的温变裂缝问题。

4.5 球磨法分散石墨烯及对水泥导热能力的影响

上述4.2～4.4节的实验结果表明，PCE可以将rGO分散在水泥中，借助rGO优良的高导热性增强水泥材料的导热能力，进而有效控制水化热的传导，缩减大体积砂浆的内外温差和温度应变，降低因温度应力产生的裂纹。由于上述实验方案均通过PCE预先将rGO分散在搅拌用水中，而rGO在水中的分散度存在阈值，这限制了所添加的rGO掺量。本书中使用PCE分散rGO的最大掺量为1.2%，当高于此掺量时，rGO水性分散液稠度变大，且无法应用于搅拌水泥成型。为了进一步研究更高掺量rGO对水泥材料导热能力的影响，本节通过球磨法制备了掺量为0、1%、2%、4%的rGO改性水泥材料，球磨的实验细节见第3章。此外，由于每次球磨水泥的质量为500g，产量较小，无法满足大体积砂浆试验所需的水泥用量。因此，本节只研究了高掺量rGO对水泥材料导热能力的影响，未开展相关的大体积砂浆实验。

为了保证球磨法制备水泥粒度的一致性，避免因粒度因素引起的水泥性能变化，首先对所制备的水泥样品进行了粒度分析，如图4.15和

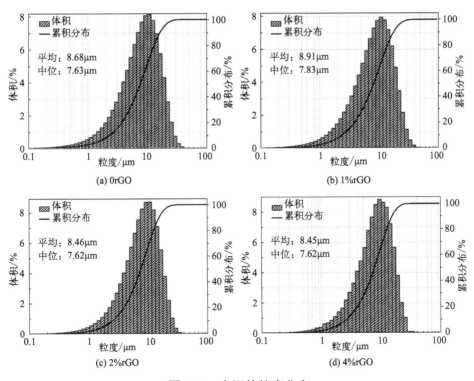

图4.15　水泥的粒度分布

表4.4所示。由图表中可知，4组水泥的粒度主要集中在0.3～40μm，其平均粒度和中位粒度集中在8.4～8.9μm、7.6～7.8μm。此外，4组试样的粒度分布区间也类似。综上，4组球磨水泥的粒度分布基本一致，保证了实验结果的可信性。

表4.4 球磨法制备水泥的粒度分布　　　　　　　　　　单位：μm

试样	<3	3～32	32～65	>65
0 rGO	14.9	84.9	0.2	0.0
1% rGO	14.3	85.4	0.3	0.0
2% rGO	13.3	86.6	0.1	0.0
4% rGO	14.4	85.2	0.5	0.0

不同掺量的rGO对水泥材料导热能力的影响规律如图4.16所示，图中显示水泥的导热系数和热扩散系数均随rGO掺量的增加逐渐提高。当rGO达到最高掺量4%时，所对应的导热系数和热扩散系数分别提高了31.48%和40.83%。对比图4.7可知，在相似掺量下，球磨法分散制备的硬化水泥石（1%）导热系数提高了8.83%左右，增幅高于PCE分散法制备的1.2% rGO试样。同时，当rGO掺量介于1%和4%之间时，水泥材料导热能力的增幅保持明显上升，并未出现增幅下降的现象，这些均表明球磨法不但可以实现将更高掺量的rGO分散在水泥中，而且rGO分散得更均匀。此外，热性能测试的结果也间接说明了球磨法分散大掺量rGO的优势。

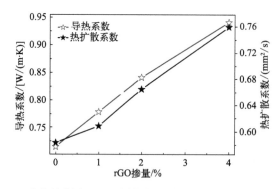

图4.16 球磨法制备rGO改性水泥的导热系数和热扩散系数

4.6 本章小结

本章通过PCE分散法和球磨法将rGO分散在水泥基体中,进而研究了rGO对水泥材料导热系数、热扩散系数及内外温差应变的影响规律,主要结论如下。

① 当PCE/rGO的质量比为0.5时,对应的rGO水性悬浮液吸光度达到最大值,沉降7天后表观均匀无明显的分层现象,rGO在水中的分散效果最好。SEM观察表明,rGO以单片形式零散地分布在水化产物中,并未观察到rGO团聚物。

② rGO显著提高了硬化水泥石的导热系数和热扩散系数,且随rGO掺量增加逐渐上升。当rGO掺量为1.2%时,水泥试块的导热系数和热扩散系数分别提高了7.80%和29.00%。rGO改性的大体积砂浆表层、中间层、底层的最高温差分别为1℃、4℃和1.25℃,远低于对照组的温差数据(5.5℃、10.5℃和6℃)。同时,实验组砂浆的微应变主要位于69~76,也低于对照组74~79的数值。结合VG Studio MAX软件的模拟结果,得出结论:rGO提高了砂浆试块整体的导热传输能力,及时将中心位置处的热量传递到边缘区域,有效降低了内外温差和温度应变。

③ 球磨法制备的4组水泥粒度一致,硬化水泥石的导热系数和热扩散系数均随rGO掺量增加逐渐提高。当rGO达到最高掺量4%时,导热系数和热扩散系数分别提高了31.48%和40.83%。

第5章 石墨烯改性水泥基材料的收缩及抗裂性能研究

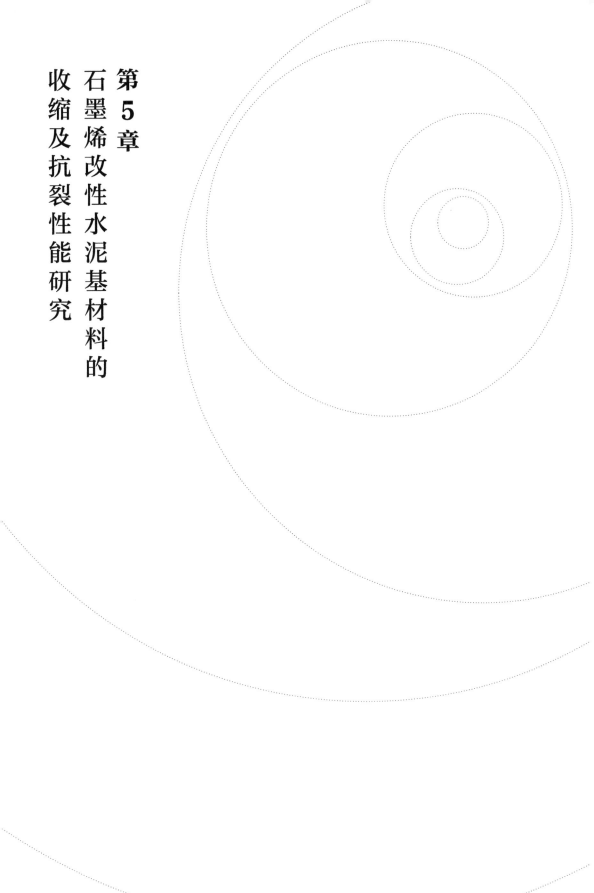

5.1 引言

水泥基材料的收缩是指水泥材料在凝结和硬化过程中体积减小的现象，主要包括温变收缩、自收缩、干燥收缩、化学减缩、塑性收缩以及碳化收缩六大类[140]。水泥混凝土受到约束引起的拉应力与自身收缩应变成正比，在凝结硬化初期，其收缩应变的增长速度远远大于自身抗拉强度的增长，这极大增加了混凝土收缩产生的拉应力。与此同时，较高的早期强度使得混凝土徐变很小，无法缓解收缩应力，当混凝土的拉应力大于其自身的抗拉强度时，水泥混凝土结构体出现裂缝[8,141,142]。早期收缩裂缝属于非荷载裂缝，其占比最高可以达到结构裂缝的80%以上，虽然并不一定影响结构的承载力，但它的存在却严重影响耐久性，使混凝土结构体容易发生永久性的损伤与性能劣化[143]。因此，研究和控制水泥混凝土的收缩开裂问题具有重要的安全性和耐久性意义。

在大体积混凝土工程中通过控制温差已成为预防其开裂的重要措施，但人们很快意识到仅仅依靠控制温度来避免混凝土的早期收缩开裂是不可行的。水泥材料早期收缩应力的情况非常复杂，其开裂往往是各种收缩作用综合影响的结果[144]。目前，随着现代水泥混凝土朝着低水胶比、高流动性、高强方向不断发展，这些变化加剧了水泥基体的收缩现象，由此引发的开裂问题愈发受到研究人员的高度关注[3]。rGO分布于水泥基体中，其褶皱的片状结构能够抑制微裂缝的扩展。同时，rGO的比表面积大，可以吸附一定量的自由水，对硬化水泥石内部水分的迁移与扩散也有积极的影响作用。因此，rGO可能会改善水泥基材料的收缩问题。

在本书第4章中，通过PCE将rGO均匀分散在水泥基体中，充分发挥rGO"纳米导热片"的作用，增强了水泥材料的导热能力，促进了热量的传导与扩散，缩减了大体积砂浆的内外温差及收缩应变。rGO可以有效降低温变收缩应力，改善因温度因素引起的开裂现象。本章在上述研究结论的前提下，进一步探索利用rGO改善其他收缩的技术可行性，为控制水泥基材料的早期收缩开裂问题奠定良好的理论基础。

本章首先通过PCE分散法和球磨法制备了rGO改性的水泥砂浆，进而研究了rGO对水泥砂浆塑性收缩、干燥收缩以及自收缩的影响规律。利用声发射技术实时监测裂缝的生成与扩展，并测试了最终形成裂缝的宽度。最后，分别从水分迁移扩散及硬化水泥石微观结构的角度探究了rGO改善砂浆抗裂性的机理，旨在提高水泥基材料的耐久性，降低早期收缩带来的裂缝危害，提高混凝土的服役寿命。

5.2 石墨烯对早期收缩性能的影响

基于国家标准GB/T 50082—2009《普通混凝土长期性能和耐久性能试验方法标准》[145]，采用非接触收缩膨胀变形测定仪（北京耐尔得仪器设备有限公司，NELD-ES731）记录水泥砂浆自成型后的自由收缩变形。其测量原理是通过电涡流传感器来记录水泥砂浆收缩时的位移距离，能够真实反映砂浆的实时体积变形，克服传统方法只能在拆模后才能进行测量的弊端[146]。

5.2.1 实验测试过程

水泥砂浆收缩实验的过程如下：首先是rGO改性砂浆试样的制备，采用第3章PCE分散法制备rGO掺量为0、0.6%、1.2%的砂浆，利用球磨法制备rGO掺量为2%的砂浆。为了保证试件成型的流动度及收缩实验对比要求，本章球磨法制备砂浆的实验过程中添加了PCE分散剂，其质量占比为PCE/rGO=0.5。其中，水泥与砂子的质量比为1:3，水灰比为1:2。实验用砂为ISO标准砂，由厦门艾思欧有限公司提供，其主要性能指标参见国标GB/T 17671—2021《水泥胶砂强度检验方法（ISO法）》[147]。水泥、水、PCE及二水石膏等原材料同第3章。其次，准备

100mm×100mm×515mm的棱柱体铁制模具，在其内部涂刷润滑油，然后铺设两层塑料薄膜。分别将两个标靶用支架固定在模具的两端，距离保持400mm。将制得的新拌砂浆加入模具中并充分振捣后保持抹面水平，然后将试模放在厚度为60mm的泡沫垫子上（避免振动），安装固定座及电涡流传感器等部件，调试校准测定仪的主机设备，开始早期收缩测试，本实验中记录0～200小时内的收缩应变值，具体的实验测试装置见图5.1。为了避免PCE对水泥收缩的影响，本实验设计了掺加同等含量PCE的砂浆作为对照，即同时对外掺rGO和不掺rGO的砂浆试件进行测试。rGO改性砂浆的收缩率（图5.2）是通过掺加rGO试样的收缩率扣除不含rGO的参考试样得到的。

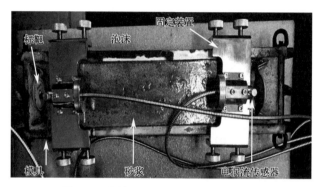

图5.1 非接触式收缩变形测定装置

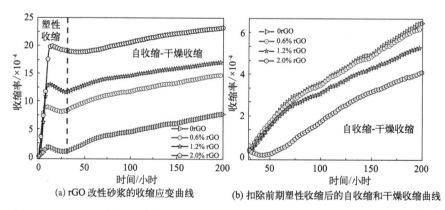

图5.2 不同rGO掺量砂浆试件的早期收缩率随时间变化曲线（见书后彩插）

采用非接触法测试砂浆的收缩试验，任一龄期的收缩率按下式计算：

$$\varepsilon_t = \frac{(L_{l0}-L_{lt})+(L_{r0}-L_{rt})}{L_0} \tag{5.1}$$

式中，ε_t 为龄期为 t 时的收缩率；L_{l0} 为左侧位移传感器的初始读数，mm；L_{lt} 为左侧位移传感器龄期为 t 时的读数，mm；L_{r0} 为右侧位移传感器的初始读数，mm；L_{rt} 为右侧位移传感器龄期为 t 时的读数，mm；L_0 为试样的测量标距，400mm。

图5.3所示为砂浆收缩实验过程中环境温度和湿度的变化曲线。由图5.3可知，其环境湿度在50%～65%，温度在16～19℃的范围内，满足早期收缩测试的实验要求。

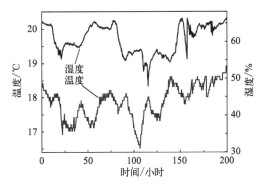

图5.3 砂浆在收缩实验过程中的环境温度和湿度变化曲线

5.2.2 早期收缩性能

不同rGO掺量砂浆试件的早期收缩率随时间变化曲线如图5.2所示。由图5.3（a）可知，4组试样的收缩随时间的变化趋势基本一致：首先在较短的时间急剧增加而后轻微下降，最终缓慢增长，在砂浆浇筑后的大约30小时收缩应变发生了明显的拐点变化。通常，塑性收缩发生在水泥材料硬化前的塑性阶段，而基体凝结硬化后主要是自收缩和干燥收缩造成的体积变化[148]。因此，砂浆在0～200小时内的收缩可以分为两个部分：0～30小时的收缩应变主要是塑性收缩造成的，30～200小时的收缩应变主要是由自收缩和干燥收缩引起的。碳化收缩需要较长时间才能形成，所以本实验暂不考虑。此外，为了避免塑性收缩的影响，图5.2（b）单独展示了减去前期塑性收缩后自收缩与干燥收缩的应变值。需要特别说明的是，由于不同砂浆试样的收缩拐点存在一定的差异性曲线，2.0% rGO掺量的样品拐点在50小时左右，所以图5.2（b）中其收缩量在50小时前小于零。

由图5.2可知，砂浆的塑性收缩应变随时间延长快速增加且随rGO掺量的增大不断提高，掺入1.2%和2.0%的rGO分别使塑性收缩的峰值较对照组增加了约6倍和11倍。而后期的自收缩和干燥收缩则随rGO掺量的增加逐渐减小，rGO为1.2%和2.0%的试样，其下降幅度分别约为17.09%和38.25%。整体来看，外掺rGO提高了砂浆的塑性收缩率，增大了塑性收缩裂缝出现的可能性。同时，rGO对干燥收缩和自收缩具有明显的抑制作用，减小了收缩应变，降低了干燥收缩和自收缩裂缝发生的概率，这与其他文献陈述的结果一致[149,150]。此外，rGO对砂浆塑性收缩的影响程度明显大于自收缩和干燥收缩。

5.3 石墨烯对抗裂性能的影响

上述5.2节的实验结果表明，rGO能够限制自收缩和干燥收缩裂缝，同时rGO也提高了塑性收缩裂缝发生的概率。为了进一步探究rGO对早期塑性收缩裂缝的影响，本节基于建材行业标准《水泥砂浆抗裂性能试验方法》[151]测定了rGO改性砂浆的早期抗裂性能。

5.3.1 抗裂实验过程

砂浆抗裂性能实验采用的是平板法，其优点是能全面反映出砂浆裂缝随龄期的发展变化，实验模具参照其他文献陈述的制造[152]，模具的四周均配置7根螺纹钢筋（长度为100mm，直径为6mm），用以约束砂浆变形，模具和钢筋的尺寸信息见图5.4。具体流程如图5.5所示：首先将600mm×600mm×30mm的钢制模具放在固定的平台上，保持平整。为了减少环境振荡对实验的影响，在模具的下方放置厚度为60mm的泡沫垫。在模具的内部涂刷润滑油，然后铺设一层塑料薄膜，以减小底模对砂浆收缩变形的影响。制备rGO改性的砂浆（rGO掺量及实验细节同5.2.1节）倒入模具中，振实5min以确保无气泡，然后将模具放置在温度为（20±2）℃、相对湿度为60%（1±5%）的环境下进行实验。此外，在模具的侧面放置一个电风扇（模具与电风扇距离为0.15m），砂浆浇筑后立即开启风扇轻吹砂浆试件，用于加速表面干燥，电风扇风速为4～5m/s。同时在砂浆表面上方约1.2m处固定一个1000W的碘钨灯连续光照4小时后关闭。在砂浆两侧表面分别放置两个压电换能器检测收集裂缝形成和发展过程中释放的声发射信号。基于声发射技术，连续采集监测24小时内的裂缝数据，实验结束后用Avizo 9.4软件标注裂纹并分析计算裂缝的长度，用智能型裂缝测宽仪（放大率为60倍）测量砂浆表面裂纹的宽度、形貌等特征。

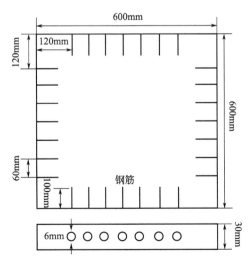

图5.4 砂浆抗裂实验的钢模具结构示意图

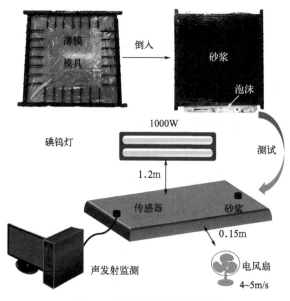

图 5.5 砂浆抗裂实验流程

5.3.2 抗裂性能表征与评价

当材料内部产生变形或断裂时，一般伴随着能量的释放，通常以应力波的形式放出应变能，这种现象称为声发射[153,154]。声发射技术是一种可以实时反映材料内部微观结构变化的动态无损检测方法。基于声发射的原理，当砂浆内部产生微裂缝时，其表面的传感器可以记录相应的声发射信号。因此，利用声发射技术可以实时监测砂浆内部裂缝的形成与扩展情况[155]。

图5.6所示为砂浆抗裂实验过程中声发射计数（或撞击总数）随时间变化的关系曲线。声发射计数为通过设定阈值的声发射信号，在本实验中代表了裂缝信号的数量[156,157]。由图5.6可知，声发射信号计数主要分布在早期的5小时内以及15小时后，中间的数据较为平缓。根据声发射计数的分布规律，可大致分为三个阶段。第一阶段在砂浆浇筑后的5小时内，声发射计数的强度及数量较大，处于活跃期，在碘钨灯和电风扇

的作用下，塑性收缩加剧，萌生的塑性收缩裂缝快速增加，这一阶段的声发射信号比较强烈且集中。第二阶段（5～15小时），声发射计数的强度及数量相比于第一阶段明显变小，砂浆处于较为稳定阶段。第三阶段为实验后期（15小时后），由于风扇等外界因素的连续作用以及微裂缝不断扩展，细小裂缝逐渐连接成较大的裂纹，对应的声发射计数数量也较多。此外，对比4组样品来看，同一时间内，声发射计数随rGO掺量增加，强度及数量明显下降。对照组在前2小时内的声发射计数基本在5000以上，加入rGO后同龄期内的计数均在500以下，这表明裂缝的数量逐渐降低，rGO显著抑制了塑性收缩裂缝的产生与扩展。特别说明的是，掺加2.0% rGO的试样在第一阶段的声发射强度相比0.6%和1.2%的高，但其数量比两者低，其原因需要进一步的深入研究。

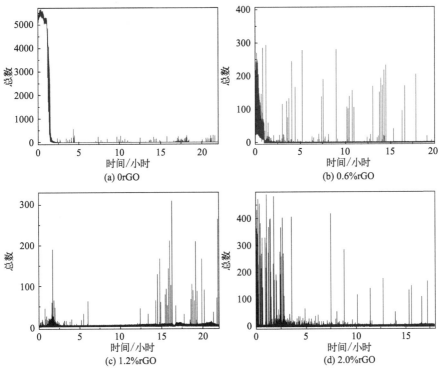

图5.6　砂浆抗裂实验过程中的声发射计数随时间变化的关系曲线

图5.7所示为砂浆抗裂实验过程中声发射能量随时间变化的关系曲

线。声发射能量可以反映试件的相对强度[158]，与塑性收缩裂缝的产生密切相关。由图5.7可知，声发射能量分布与图5.6的声发射计数呈现了基本一致的规律，主要集中在前5小时内的早期阶段。对比4组样品来看，同一时间下，声发射能量随rGO掺量的增加明显有所下降。对照组在前2小时内的能量基本大于60ms·mV，而掺加rGO的砂浆在同时段内的最高能量基本小于40ms·mV。这表明掺加rGO的砂浆产生微裂缝的数量逐渐降低，rGO抑制了塑性收缩裂缝的产生。

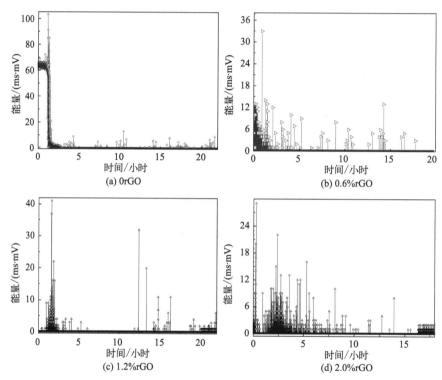

图5.7 砂浆抗裂实验过程中的声发射能量随时间变化的关系曲线

图5.8所示为砂浆表面的收缩裂缝分布直观图，图中的标记线条部分即砂浆表面的裂纹。本实验通过Avizo软件的阈值分割功能对裂缝进行标记，原理是裂缝与砂浆基体存在明显不同的灰度值，但部分微裂缝在基体中不明显、不易区分时，软件无法对其进行准确标定。因此，这种方法存在一定的局限性，优点在于可以清晰地观察裂缝分布及统计长度

等信息。由图5.8可知,4组砂浆试样的颜色逐渐加深,这是由于rGO掺量越来越多造成的。对照组砂浆试件的开裂程度最严重,表面存在较多的连续裂缝,随机分布在边缘和中心部位,甚至有些裂缝发展为交叉裂缝。随rGO掺量增加,裂纹的数量明显减小,这与声发射的测量结果一致。掺加1.2% rGO的砂浆表面只有一条肉眼可见的收缩裂缝,2.0% rGO的试样基本没有宏观可视裂纹的产生,说明rGO有效限制了塑性收缩裂缝的数量及开裂程度,提高了砂浆的抗裂能力。

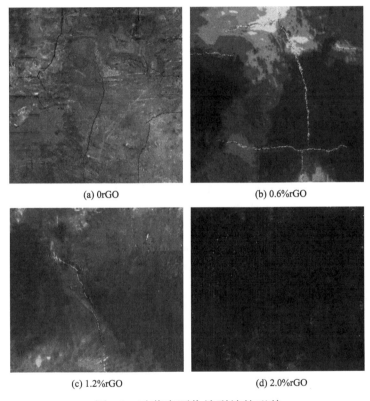

图5.8 砂浆表面收缩裂缝的形貌

图5.9所示为统计的砂浆表面裂缝长度。由图5.9可知,裂缝总长度随rGO掺量的增加逐渐下降,掺加1.2% rGO的样品其相应的总长度比对照样品减少了75%左右,表明rGO抑制了塑性收缩裂缝的扩展。特别说明的是,虽然2.0% rGO的试样表面存在部分微裂缝,但由于其尺寸较小,分布零散,无法对其进行准确标记,所以在图中没有相应的统计长度数据。

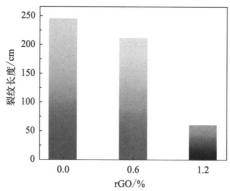

图 5.9　不同砂浆试样收缩裂缝的总长度

图 5.10 展示了不同 rGO 掺量砂浆表面的裂缝宽度，左边为统计的最大宽度，右边展示的是裂缝的代表宽度（统计的宽度数值出现的频率最高）。由图 5.10 可知，裂缝的最大宽度和代表宽度均随 rGO 掺量的增加逐渐下降。添加 1.2% rGO 和 2.0% rGO 使裂缝的最大宽度下降了 40.63% 和 79.68%。

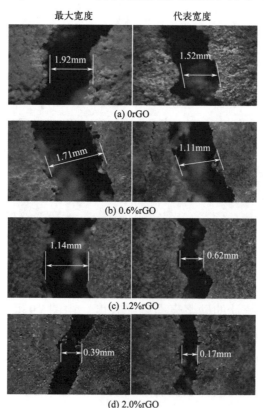

图 5.10　不同 rGO 掺量砂浆表面收缩裂缝的宽度

综上所述，rGO能够明显降低塑性收缩裂缝的数量、长度及宽度，有效抑制塑性收缩裂缝的生成和发展，显著提高了砂浆的抗裂性，有助于提高水泥混凝土的耐久性和可持续性。

5.4 石墨烯改善收缩及抗裂的机理探讨

水泥基材料的塑性收缩、自收缩和干燥收缩主要是由湿度变化以及由此产生的毛细管张力引起的。当水泥基材料在塑性收缩阶段时，其表面水分的蒸发速度过快，而内部水分的渗出速度太慢，这导致试件表面水分的蒸发与渗出不平衡，存在湿度差异引起收缩变形现象。当表面水分损失的速率严重超过渗出水时，就会发生塑性收缩开裂[159,160]。随着水泥水化反应的不断进行，可流动性的浆体变成硬化体，内部的水分逐渐减少，相对湿度降低，导致毛细孔中残留水形成弯液面产生附加压力，引起自收缩和干燥收缩[7,140]。因此，为了进一步探讨rGO改善砂浆收缩及抗裂性能的机理，首先从水分迁移与扩散的角度对砂浆的保水性和失水率进行了测定。

5.4.1 水泥基体内部水分的影响

表5.1为rGO改性砂浆的保水性。由表可知，随着rGO掺量的增加，砂浆试样的保水性逐渐提高。与对照组砂浆相比，rGO掺量为2.0%的砂浆试件保水性提高了约2.0%。rGO对砂浆保水性的积极作用与报道的羟丙基甲基纤维素保水剂的作用效果基本一致[161]。

表5.1 rGO改性砂浆的保水性

rGO掺量	保水性
0	96.05%
0.6%	96.77%

续表

rGO 掺量	保水性
1.2%	97.39%
2.0%	98.12%

rGO改性砂浆失水率随时间的变化如图5.11所示。由图可知，所有的失水率曲线均表现出相似的趋势：首先随着时间的增长，失水率显著增加，在10～20小时之间达到峰值。然后失水率逐渐降低，30小时后曲线基本归零，处于平稳不失水或失水较少状态。这表明砂浆主要在前30小时内失水，且在11小时左右失水最严重。当砂浆试件在塑性状态下失水率逐渐增大时，砂浆表面残留水与内部渗出水之间的平衡状态被打破，两者的差异越来越大，导致塑性收缩逐渐增大。当失水率达到最大值时，失水最严重，此时塑性收缩应变最大。此后，失水率逐渐降低，对应的塑性收缩也有所下降。图5.11所示砂浆失水率的增减趋势解释了图5.2中塑性收缩的变化规律。此外，随rGO掺量增加，砂浆试样在峰值处的失水率逐渐减小，说明rGO掺量越高的砂浆表面失水越慢。

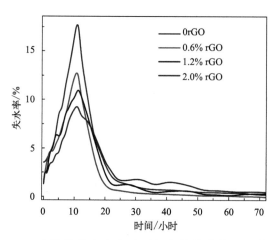

图5.11 rGO改性砂浆失水率随时间变化的曲线（见书后彩插）

基于上述砂浆保水性和失水率的实验结果，图5.12展示了rGO改性砂浆表面水分蒸发与内部渗出水分的变化示意图，旨在解释rGO对塑性收缩的影响规律。rGO的比表面积大，表面吸水能力强，能够吸附一部分自由水[162]。此外，rGO还能够加速水泥水化，细化孔隙，密实水泥基材料的微观结构，缩减了内部自由水渗出到表面的通道，导致扩散到表面的泌水量有所下降[150,163]。因此，综合上述两点原因，rGO提高了砂浆的保水性，降低了砂浆的失水率。随rGO掺量的增加，砂浆由内向外的渗出水量下降，表面残余水量逐渐减少。然而，不同试样表面水分的蒸发速率一致，rGO加重了表面水分蒸发速率与内部渗水量之间的不平衡关系，从而增加了砂浆的塑性收缩。

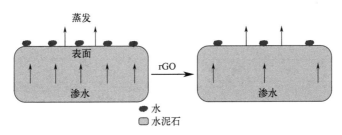

图5.12 rGO改性砂浆的水分变化示意图

目前普遍用毛细管张力理论模型分析砂浆硬化后自收缩和干燥收缩的变化规律[164]。当水泥颗粒开始与水发生反应时，由于不断消耗水分，水泥颗粒周围的相对湿度由100%逐渐降低，从而产生弯月面（见图5.13）[165]。根据拉普拉斯方程[166]，在残留水的表面张力作用下，毛细孔中产生的附加压力P_c可由下式表达：

$$P_c = \frac{2\sigma\cos\theta}{r} \tag{5.2}$$

式中，σ为砂浆孔隙溶液的表面张力；θ为水泥颗粒与水的接触角（本书中$\theta = 0°$）；r为弯月面的半径。rGO改性砂浆孔隙溶液的表面张力测试（Dataphysics DCAT20）结果见表5.2。由表可知，4组砂浆试样孔隙溶液的表面张力基本保持一致。因此，毛细管张力大小主要与弯月面的半径有关。根据表5.1和图5.11的分析，rGO提高了砂浆的保水能力，降低了表面水分的损失率，导致形成了更大的弯月面半径（如图5.13中

的 r_2),毛细管张力 P_c 随 rGO 的加入而变小,rGO 发挥了类似"减缩剂"的作用,降低了砂浆的自收缩率和干燥收缩率,提高了砂浆的抗裂性。

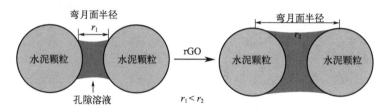

图 5.13 外掺 rGO 后弯月面半径的变化示意图

表 5.2 rGO 改性砂浆孔隙溶液的表面张力测试结果

rGO 掺量/%	表面张力/(mN/m)
0	61.65
0.6	61.52
1.2	61.47
2.0	61.25

综上所述,rGO 通过自身的高吸水性以及对水泥基体孔结构的优化作用,提高了砂浆的保水性,降低了表面失水速率,导致形成了更大的弯月面半径,从而降低了水泥石毛细管中附加的表面张力,从根本上达到减小自收缩和干燥收缩的目的。

5.4.2 水泥基体微观结构的影响

微观结构对砂浆基体的抗裂性有至关重要的影响,为了进一步研究砂浆抗裂性的机理,本节探究了 rGO 对砂浆微观结构的影响。

rGO 改性砂浆(1.2%)养护 28 天后的微观结构如图 5.14 所示。图中零散地分布着许多不规则的水化产物、裂缝以及褶皱物。首先利用 EDS 对褶皱物的元素组成进行分析,结果如表 5.3 所示,图中点 1 和点 2 主要由碳元素组成(大于 50%),且碳含量远高于周围的水化产物(点 3),表明这些褶皱物是 rGO。点 1 和点 2 中存在的钙、硅元素可能是由于水化产物的信号干扰作用引起的。由图 5.14 可知,rGO 在水化产物之间呈现出典型的单片分散状态，并横穿裂纹[图5.14（a）]，有效阻碍了裂缝的发展。此外，片状结构的rGO还可以在相邻的水化产物间起到桥连作用，有利于提高砂浆自身的抗裂性。

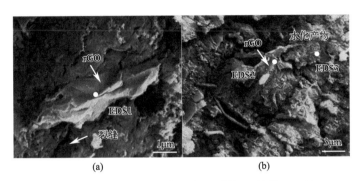

图5.14　掺加rGO砂浆的微观结构（养护28天）

表5.3　EDS点的元素组成

元素	元素百分比/%			
	C	O	Ca	Si
EDS1	53.74	19.60	22.62	3.49
EDS2	54.40	18.84	22.59	3.60
EDS3	9.28	21.02	62.75	5.51

外掺1.2% rGO硬化水泥石的CT结果如下。图5.15展示的是CT图像的灰度值分析。如图5.15所示，原始图像的灰度值主要分布在0～50之间。运用阈值分割的方法进行拟合，插图结果显示水泥石主要由三个物相组成。结合图5.16（a）的亮度值差异，对拟合的三个高斯函数进行鉴别，灰度值从小到大依次为水化产物孔隙（0～21.92）、rGO（21.92～33.61）及未水化的水泥颗粒（33.61～256）。在本实验中，rGO的灰度值分布与第3章中的CT分析有所不同，这可能是由原材料及测试条件的变化造成的。

依据灰度值分布及形貌特征对rGO进行准确标记，结果见图5.16（b），其三维重构的模型见图5.16（c）。由图可知，rGO均匀地分散在水泥基体中，基本未观察到大团聚物。rGO纳米片在砂浆基体中相互搭接、穿插折叠，其特殊的褶皱片层状结构与水化产物产生互锁的机械力，形成了

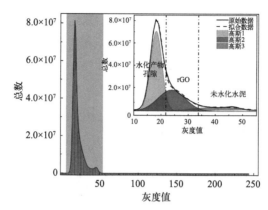

图 5.15 rGO 改性硬化水泥石 CT 图像的灰度值分布（见书后彩插）

插图采用阈值分割鉴定不同物相，三条拟合的高斯曲线（高斯 1、2、3）
分别代表了水化产物孔隙、rGO 及未水化的水泥颗粒

一定的支撑体系。水泥基体中的微裂纹在扩展过程中，遇到 rGO 纳米片会发生偏转和扭曲，从而延长裂缝传播路径，rGO 也可以吸收一定的开裂能量，限制收缩裂缝的扩展和延伸。均匀分散的 rGO 在水泥基体中起着类似"纤维"的桥连作用，减少了水分迁移的通道，分散了毛细管收缩应力，避免应力集中，抑制了不均匀的收缩变形[167,168]。rGO 的这些积极作用提高了砂浆的极限抗拉能力，抗裂性有所提高，这与之前陈述的 GO 改善水泥基材料的抗裂性结论相似[169,170]。

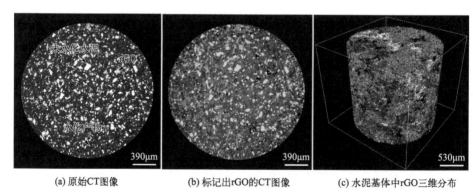

(a) 原始 CT 图像　　(b) 标记出 rGO 的 CT 图像　　(c) 水泥基体中 rGO 三维分布

图 5.16 rGO 改性硬化水泥石的 X-CT 分析（见书后彩插）

综上所述，一方面 rGO 增加了塑性收缩率，提高了砂浆发生塑性收缩裂缝的可能性；另一方面，rGO 改善了砂浆的抗裂性能，抑制了收缩

开裂现象。这两者是不矛盾的。一般，砂浆塑性收缩裂缝的形成不仅取决于收缩应变，还与基体本身的抗裂能力紧密相关。通过SEM和CT观察，rGO改善了微观结构，提高了砂浆的抗裂能力，rGO对砂浆基体抗裂性的积极作用抵消了因塑性收缩增大引发的负面影响。因此，rGO改善了砂浆的塑性收缩开裂现象。

5.5 本章小结

本章首先采用非接触收缩膨胀变形测定仪研究了rGO对水泥砂浆早期收缩性能的影响，在此基础上利用平板法、声发射技术探究了rGO改性砂浆的抗裂性能。最后，从水分迁移与微观结构的角度分析了rGO改善收缩及抗裂性的机理，主要结论如下。

① rGO能够增大砂浆的塑性收缩应变，抑制干燥收缩和自收缩，质量分数2.0%的rGO能够使干燥收缩和自收缩的应变值降低38.25%。

② rGO明显降低了塑性收缩裂缝的数量、长度及宽度，掺加1.2% rGO可以使裂缝长度减少75%，掺加2.0% rGO的试件表面无宏观裂纹出现。外掺1.2%和2.0% rGO分别使裂缝的最大宽度下降了40.63%和79.68%。

③ rGO有效增强了砂浆试样的保水性，降低了其失水率。rGO对砂浆的保水作用导致形成了更大的弯月面半径，降低了毛细管中附加的表面张力，减小了自收缩和干燥收缩。此外，rGO加剧了砂浆表面水分蒸发速率与内部水分渗出速率之间的不平衡关系，导致塑性收缩增大。SEM和CT的观察结果表明，rGO在水化产物中发挥了一定的桥接作用，可以分散毛细管收缩应力，限制不均匀的收缩变形。rGO的这些积极作用提高了砂浆的抗裂能力，抵消了因塑性收缩增加引起的负面影响，增强了砂浆的抗裂性能。

第6章 石墨烯改性水泥基材料的强度及微观结构研究

6.1 引言

利用石墨烯改性水泥混凝土性能是一个全面系统的技术工程，涉及水泥水化、强度、导热能力及长期的耐久性等。本书第3章基于GO团聚的机理，研究了不同分散行为对GO空间分布的影响规律，掌握了有效分散GO的方法，获得了GO在水泥硬化浆体中的理想分布状态。在解决了石墨烯分散困难的基础上，第4章探究了rGO对水泥导热能力和温变行为的影响。利用rGO的高导热性，提高水泥浆体的导热能力，平衡热导使硬化浆体保持内外温度变化均匀，缩减了大体积砂浆的内外温差及温度应力。第5章进一步探究了rGO对塑性收缩、自收缩及干燥收缩的影响规律，rGO降低了收缩应变，提高了水泥砂浆的抗裂性。上述第3章到第5章主要研究了石墨烯的分散性及其对早期收缩性能的影响，缺乏相关力学性能及微观结构的表征。通常，水泥基材料的微观结构与强度、耐久性等宏观性能紧密相关，力学强度是评价水泥质量的重要指标，也是其性能的综合反映。此外，石墨烯团聚体可能成为水泥基体的薄弱部位，劣化微观结构，降低力学强度[171,172]。因此，研究石墨烯对水泥基材料微观结构及力学性能的影响显得尤为重要。

本章重点介绍了石墨烯材料对水泥力学强度、水化性能及微观结构的影响。首先研究了PCE分散法和球磨法制备的rGO改性砂浆抗压抗折强度，建立了高低掺量下rGO对水泥力学性能的影响规律。随后基于包覆法思路，探究了GO及退火处理得到的rGO对水泥水化过程、水化产物及微观形貌的影响。最后，以水泥中的重要组成矿物C_4A_3S为代表，利用GO包覆C_4A_3S，进而调控其水化性能，实现水化热的可控性，并阐明两者相互作用的机理，为解决水泥材料的温变应力问题提供新思路。本章内容有助于进一步理解石墨烯材料与水泥的相互作用关系。

6.2 石墨烯对力学强度的影响

在第4章中通过PCE分散法制备了4组rGO改性的水泥材料，rGO掺量分别为0、0.3%、0.6%、1.2%。后期又通过球磨法制备了rGO掺量为0、1%、2%、4%的4组试件。本节主要测试上述两种方法制备的rGO改性砂浆的抗压抗折强度。

6.2.1 PCE分散法制备砂浆的强度

图6.1所示为不同rGO掺量下，PCE分散法制备水泥砂浆的力学强度。由图6.1可知，随着rGO掺量的增大，抗压抗折强度均呈现先轻微增大后减小的趋势。当rGO掺量为0.6%（质量分数，下同）时，砂浆强度的增幅最大，3天的抗压和抗折强度分别提高了6.5%和7.8%，这主要归因于rGO自身优异的力学性能及限制裂纹扩展等作用[173,174]。当rGO掺量从0.6%增加到1.2%时，不同水化龄期的抗折和抗压强度总体上呈现出轻微下降的趋势，可能是由于过量的rGO不能完全均匀分散在水泥基体中，引入了部分缺陷导致的[132,175]。需要特别说明的是，由于仪器分辨率等原因，rGO较小的团聚体无法通过X-CT观察到。

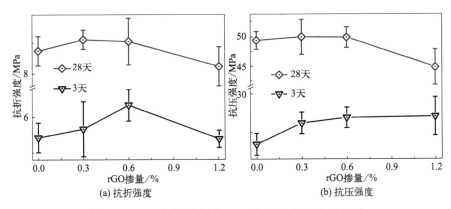

图6.1 PCE分散法制备rGO改性砂浆的力学强度

6.2.2 球磨法制备砂浆的强度

图6.2所示为球磨法制备rGO改性水泥砂浆的力学强度。由图6.2可知，球磨法制备rGO改性砂浆的抗压抗折强度变化趋势与图6.1中的规律基本一致，随rGO掺量增加，抗压抗折强度均呈现先增大后减小的趋势。当rGO掺量为1%时，强度有所增加，3天抗压抗折强度的增幅分别为19.39%和14.59%，28天抗压抗折强度的增幅分别为21.76%和17.27%。当rGO继续增加至2%和4%时，砂浆强度均下降。对比图6.1可以得出，球磨法制备的砂浆强度在rGO掺量为1%时有所增加且增幅比PCE分散法强度的最优幅度还大，这表明球磨法更适合分散大掺量的rGO，与第3章的结论一致。此外，综合上述两种方法的强度规律判断，rGO在水泥基体中的饱和掺量为1%左右，当过掺时，会引起强度下降等问题。

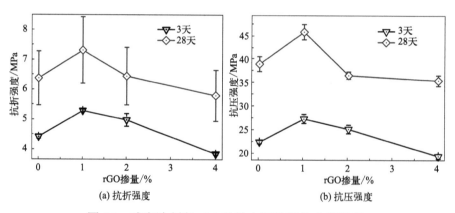

图6.2 球磨法制备rGO改性水泥砂浆的力学强度

6.3 氧化石墨烯/石墨烯对水泥水化性能的影响

水化作用是水泥一切性能的本质所在，水泥水化越充分，硬化水泥石的性能就越优异。水泥水化是一个复杂的物理化学过程，石墨烯材料对这一过程的影响会直接反映在水泥基材料的宏观性能上。本节利用GO包覆水泥颗粒，同时通过退火处理得到rGO包覆的水泥，进而分别研究了GO和rGO两种典型的石墨烯材料对水泥水化过程、水化产物及硬化水泥石微观形貌的影响。

6.3.1 氧化石墨烯到石墨烯的转化研究

为了更加充分深入理解石墨烯材料对水泥水化性能的影响，结合本书前期的实验过程，本节选择了GO和rGO两种材料。首先研究了GO通过热还原法（退火处理）转化为rGO的条件。

图6.3所示为GO的TGA-DTG曲线。如图6.3所示，TGA曲线表明GO的热稳定性较差，在100～600℃之间存在两个明显的失重峰。在105℃以下，由于吸附水和部分结合水的蒸发，GO有大约10%的轻微质量损失。在160～245℃之间的质量损失约为23.92%，主要是由于含氧官能团被还原导致的。在470～620℃的温度范围内，质量损失约为28.72%，这是由于GO碳骨架的部分分解引起的[176]。此外，GO在800℃煅烧后，仍然保留约20%的碳骨架质量。TGA曲线上记录的质量损失峰与同等温度下DTG曲线中的吸热峰吻合。为了实现GO的热还原且保持完整的碳骨架，根据TGA-DTG的结果，退火的条件选择在300℃下煅烧60min。该温度高于GO表面含氧官能团的逸出温度，且低于碳骨架的热解温度，能够成功将GO还原为rGO。

为了验证上述退火条件的效果，对退火前后的GO进行红光光谱分析，如图6.4所示。对比两个光谱可知，GO在退火处理后，1715cm^{-1}左右的—COOH特征峰和1385cm^{-1}附近的—O—吸收峰基本消失。此外，3430cm^{-1}处的—OH峰强度也有所降低，残留的—OH可能是由于样品表面的吸附水引起的，这在样品制备过程中很难避免。上述观察结果表明，经过退火处理后，GO的含氧官能团基本被成功还原，证实了退火条件（300℃，60min）是可行的。此外，GO经过热处理后，2920cm^{-1}

和2850cm^{-1}处的—CH$_2$谱带变得不明显，但1623cm^{-1}的C=C伸缩振动仍然存在。

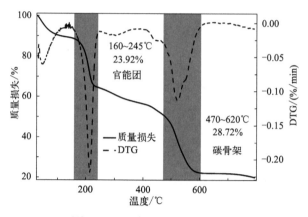

图6.3　GO的TGA-DTG曲线

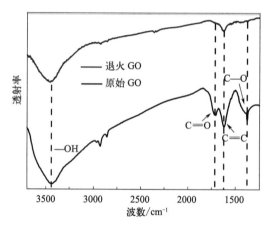

图6.4　原始和退火GO的红光光谱分析

6.3.2　水化热分析

在明确GO成功还原为rGO的退火条件后，利用GO包覆水泥，然后部分包覆完的样品退火得到rGO包覆水泥试样，进而分别研究GO和rGO对水泥水化过程的影响。GO包覆水泥的实验细节及效果见第3章，由于GO在异丙醇中最大溶解度的限制，本节实验中GO的掺量为水泥质量的0、0.3%和0.6%。

图6.5所示为GO包覆水泥的水化热演变曲线，图（a）为放热速率，图（b）为总放热量，水灰比为1。由图6.5（a）可知，三条热流曲线均呈现出两个主要的放热峰，第一个峰的出现与阿利特的水化有关，第二个峰是由铝酸三钙的进一步溶解及二次水化引起的[177,178]。随GO掺量增加，放热速率和总放热量逐渐增大，表明GO对水泥水化有明显的促进作用。值得注意的是，GO使第二个峰的放热速率显著增加，说明GO对铝酸三钙水化的促进效果比阿利特更为明显，其他研究结果也有类似陈述[179]。此外，三组试样的峰值时间基本一致，说明GO对水化反应并没有延迟或提前的作用。水泥水化程度的提高主要是由于GO表面的官能团及缺陷为水化产物提供了大量的成核位点，加速了水化产物的形成[89,180]。

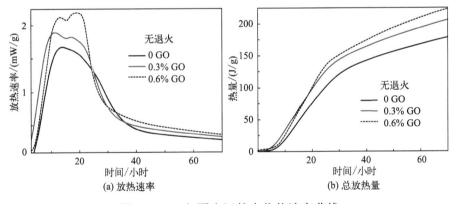

图6.5 GO包覆水泥的水化热演变曲线

图6.6所示为退火处理后rGO包覆水泥的水化热图。图6.6中水泥的放热速率曲线规律基本与图6.5一致。随rGO掺量的增加，放热速率和总放热量逐渐增大，说明rGO也能促进水泥的水化反应。虽然rGO基本无含氧官能团，但其表面仍然存在一部分热还原后残留的缺陷，这些缺陷也能够为水化产物的形成提供成核位点，有助于水化反应的进行。此外，rGO也使铝酸三钙的放热速率增大，与图6.5中的结果一致。rGO未显著影响放热峰位的时间，表明水泥的水化时间几乎不受rGO的影响。

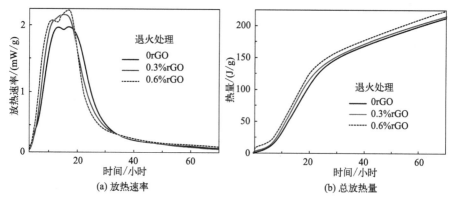

图6.6　rGO包覆水泥的水化热曲线

对比图6.5和图6.6，可知GO在退火前后对水化过程有不同程度的影响。表6.1展示了GO和rGO包覆水泥的总放热量（代表水化程度的高低）。如表6.1所示，GO和rGO包覆的水泥试样其放热量比相应的对照组均要高，说明GO和rGO均增大了水化反应的程度。此外，GO包覆水泥的总放热量明显高于同等掺量下rGO包覆的试样。掺加0.6% GO试样的水化程度相比对照组提高了约23.66%，远大于相应的rGO试样（大约提高了4.92%）。GO经过退火处理还原为rGO后，最大的变化在于其表面的含氧官能团基本消失。因此，上述水化热的结果表明GO的含氧官能团在提供成核位点方面对水化起着至关重要的作用。当然，GO的固有缺陷[181,182]和残余官能团也可以作为成核位点加速水泥水化，但增强效果明显降低。总之，GO官能团等缺陷数量影响水泥的水化过程，数量越多，促进水化反应作用越强[171]。值得注意的是，经过退火处理的对照组总放热量大于未经退火处理的试样，这表明退火操作也可以刺激水化反应，具体机理有待进一步讨论与研究。

表6.1　GO和rGO包覆水泥的总放热量

剂量	累积热量/(J/g)	
	GO	rGO
0	179.39	198.32
0.3%	207.13	200.45
0.6%	221.84	208.08

6.3.3　XRD分析

图6.7为GO和rGO包覆水泥水化3天后的XRD图谱。由图可知，所有XRD图谱的水化晶体结构相同，具有一致的衍射峰和典型的水化产物，如氢氧化钙（PDF#44-1481）和未水化的阿利特（PDF#49-0442）等。与相应的对照组相比，外掺GO或rGO的水泥试样中并未发现新的衍射峰，说明GO和rGO均不能诱导生成新的水化产物。然而对比发现，不同图谱中氢氧化钙的衍射峰强度有明显的变化。通常，水化产物的主衍射峰强度与其含量成正比，可以用以评价水泥的水化程度，强度越高，水化程度越完全[78]。与氢氧化钙（001）晶面相关的2θ=18.1°处的峰强度随GO或rGO的加入显著增加，表明GO或rGO由于晶种效应促进了氢氧化钙的形成[183]。这一结果与上述水化热的结论一致。此外，图（a）中氢氧化钙的峰强度增加趋势明显高于图（b）。rGO经过热还原后表面官能团含量少，能提供的成核位点有限。因此，随rGO掺量增加，水化产物成核位点的含量明显增加，生成氢氧化钙的量有所提高，峰强度增大。相比之下，GO表面富含大量的含氧官能团，少量的GO便能够提供足够的成核位点。因此，掺加0.3%和0.6%的GO对氢氧化钙的生成量基本影响不大。

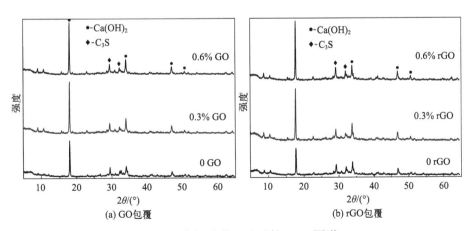

图6.7　水泥水化3天后的XRD图谱

6.3.4 SEM分析

上述水化热和XRD的结果表明：GO和rGO均能够促进水泥水化，加速水化产物的形成。由此推断，GO或rGO对硬化水泥石的微观形貌也有重要影响。掺加GO或rGO硬化水泥浆体的微观形貌如图6.8和图6.9所示。如图，视野范围内存在大量的水化产物，如水化硅酸钙凝胶、棒状钙矾石等，这些水化产物相互交叉纵横。对照组［图6.8（a）和图6.9（a）］的SEM显示表面散落着细小的纤维状晶体，水化产物之间存在较多的孔隙和微裂纹，整体结构比较疏松。GO和rGO改性的水泥形貌［图6.8（b）和图6.9（b）］显示：试样表面生成了更多的水化产物，几乎没有零散分布的晶体，水化产物相互交织和重叠呈现块状堆积，形成了致密的微观结构，孔隙和裂纹较少。从SEM的对比分析中可以得出结论：GO和rGO能够细化和密实硬化水泥浆体的微观结构。

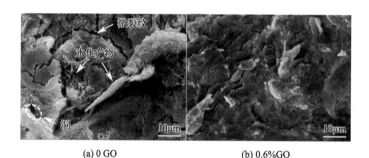

图6.8　养护28天后硬化水泥石的微观结构

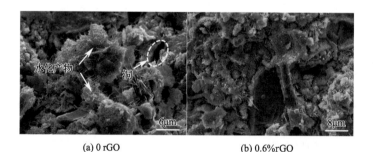

图6.9　退火处理过的水泥水化28天后的微观结构

综上所述，GO和rGO均能够不同程度地提高水泥水化时的放热速率和总放热量，加速水化反应的进行。GO表面的含氧官能团可以作为晶体的成核位点，促进水化产物的形成。含氧官能团等缺陷的数量越多，水化程度越高，水化产物越多。由于GO接枝的官能团含量比rGO多，对应试样（0.6% GO）的水化程度提高了约23.66%，比rGO改性水泥（增加约4.92%）提高了约4.8倍。此外，GO或rGO的加入并未改变水化产物晶体的类型，只是促进了水化产物的形成，且水化晶体相互紧密交织，形成了更加致密的微观结构。本节研究内容有助于充分理解含氧官能团等缺陷在GO改性水泥基复合材料中的重要作用。

6.4 本章小结

本章主要研究了石墨烯对水泥力学强度、水化性能及微观结构的影响，结果如下。

① PCE分散法和球磨法制备的rGO改性砂浆抗压抗折强度均随rGO掺量增加，呈现先增大后减小的趋势。当采用PCE法分散时，掺加0.6% rGO的砂浆3天强度增幅最大，其抗压和抗折强度分别提高了6.5%和7.8%。当采用球磨法分散时，rGO掺量为1%的砂浆强度有所增加，3天抗压抗折强度的增幅分别为19.39%和14.59%，28天抗压抗折强度的增幅分别为21.76%和17.27%。

② 根据TGA-DTG的结果，GO退火的条件选择在300 ℃下煅烧60min。通过红光光谱分析发现，经退火处理后，GO的含氧官能团被成功还原。微量热仪结果表明：随GO或rGO掺量增加，水泥水化的放热速率和总放热量逐渐增大，GO和rGO均能够不同程度地促进水泥水化反应。0.6% GO试样的水化程度相比对照组提高了约23.66%，比rGO改

性水泥试件（增加约4.92%）增大了约4.8倍。石墨烯表面含氧官能团及缺陷的数量越多，水泥的水化程度越高。此外，XRD表明GO或rGO的加入并未改变水化晶体的类型，只是促进了产物的形成。SEM观察显示水化晶体相互紧密交织，形成了更加致密的微观结构。

第 7 章
结论与展望

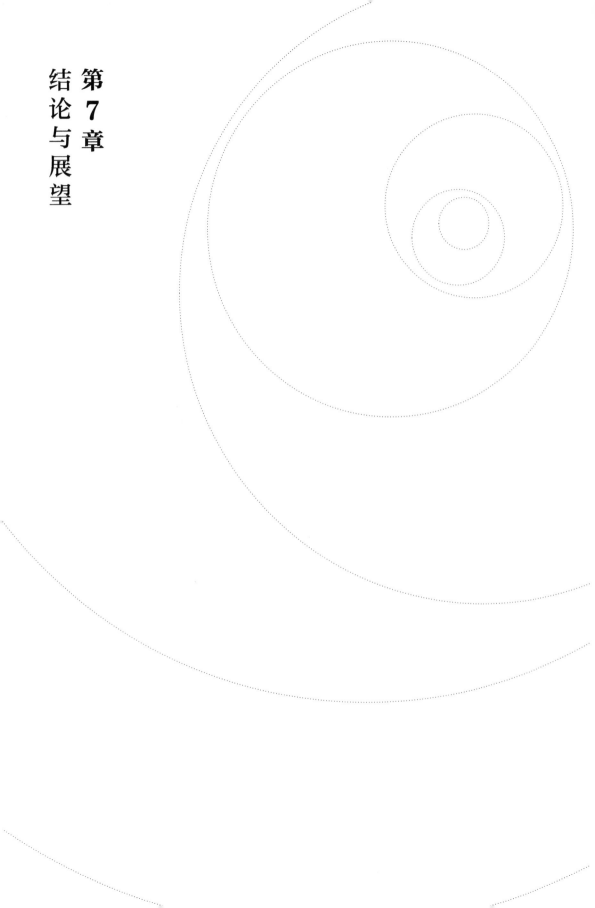

本书从如何实现石墨烯的均匀分散入手，围绕石墨烯改性水泥材料的导热能力、收缩抗裂、力学强度及微观结构等方面开展工作，利用石墨烯的高导热性及增强基体能力，降低因温度和湿度因素引起的收缩裂缝损伤，提高混凝土的服役寿命。主要研究结果如下。

7.1 结论

（1）GO在水泥基体中的分散性研究

1）GO的团聚机理分析

通过SEM和X-CT表征了GO团聚物：等效半径可达125μm，纵向厚度为12μm，球形度在0.2～0.7之间，呈现不规则形状特征。通过FT-IR发现，GO表面—COOH与Ca^{2+}等二价阳离子之间的络合作用以及强碱性条件下的还原反应是导致GO团聚的主要原因。

2）GO的分散方法及空间分布表征

基于GO的团聚机理，提出了高速搅拌法、PCE分散法、球磨法以及包覆法等分散方式，并通过X-CT探究了其空间分布情况。结果表明：通过高速搅拌方式并不能阻止GO的团聚行为。PCE发挥了"牺牲剂"的作用，明显改善了GO的分散性。球磨法和包覆法均可以通过水泥颗粒的位阻效应防止GO团聚。此外，宏观强度的数据离散性间接验证了不同方法的分散效果。

综上所述，高速搅拌法不能用于GO改性水泥材料的制备，PCE分散法和球磨法适用于大宗性能实验研究，包覆法适用于探究水泥水化等细微研究。

（2）rGO改性水泥基材料的导热及温变性能研究

1）rGO的分散性研究

基于掌握的GO分散方法和表征手段，探究了rGO在水溶液和水泥基体中的分散性。通过UV-Vis和沉降实验发现：当PCE/rGO的质量比为0.5时，rGO在水中的分散效果最好。在此条件下，rGO以单片形式分布在水化产物中。

2）rGO对水泥导热能力及大体积砂浆内外温差的影响

在掌握rGO分散方法的前提下，研究了rGO对水泥材料导热能力和大体积砂浆内外温差的影响。结果表明：随rGO掺量增加，硬化水泥石的导热能力逐渐提高。掺加1.2% rGO的试样其导热系数和热扩散系数分别增加了7.80%和29.00%。rGO改性大体积砂浆表层、中间层和底层的最高温差分别为1℃、4℃和1.25℃，低于对照组的温差数据（5.5℃、10.5℃和6℃）。同时，实验组砂浆的微应变位于69～76，也低于对照组74～79的数值。结合VG Studio MAX软件的模拟结果，得出结论：rGO提高了砂浆整体的导热传输能力，及时将中心位置处的热量传递到边缘区域，有效缩减了内外温差和温度应力。

3）球磨法分散rGO及其对水泥导热能力的影响

进一步探究了通过球磨法制备大掺量rGO改性水泥材料的可行性及其导热能力。四组球磨水泥的粒度分布基本一致，硬化水泥石的导热能力随rGO掺量增加逐渐提高，当rGO达到最高掺量为4.0%时，其导热系数和热扩散系数分别提高了31.48%和40.83%。

（3）rGO改性水泥基材料的收缩及抗裂性能研究

1）rGO对早期收缩性能的影响

在掌握rGO调控温变收缩技术的基础上，进一步研究了rGO改性砂浆因湿度因素诱发的收缩应变。通过非接触收缩膨胀变形测定仪发现：rGO能够增大砂浆的塑性收缩，抑制干燥收缩和自收缩。其中，掺加2.0%的rGO能够使塑性收缩峰值增加约11倍，使干燥收缩和自收缩降低38.25%。

2）rGO对抗裂性能的影响

通过平板法和声发射技术等分析了裂缝的生成与扩展情况，结果表明：随rGO掺量增加，裂纹的数量、长度及宽度明显下降。2.0% rGO改性砂浆表面基本无宏观可视裂纹，最大宽度降低了79.68%。

3）rGO改善收缩及抗裂性的机理

明确了砂浆中的水分迁移特征，阐明了rGO减少收缩、改善抗裂性的调控机理。结果表明：随rGO掺量增加，砂浆的失水率逐渐减小，保水性逐渐提高。rGO对砂浆的保水作用导致内部结构孔中形成了更大的弯月面半径，减小了表面张力，降低了自收缩和干燥收缩。此外，rGO加剧了表面水分蒸发速率与内部渗水量之间的不平衡关系，增大了塑性收缩。通过SEM和X-CT观察，发现rGO能够横穿微裂纹桥接水化产物，分散毛细管收缩应力，限制不均匀的收缩变形。rGO的积极作用提高了砂浆自身的抗裂性，抵消了因塑性收缩增加引起的负面影响。

（4）rGO改性水泥基材料的强度及微观结构研究

1）rGO对力学强度的影响

分别探究了PCE分散法和球磨法制备rGO改性砂浆的力学强度。随着rGO掺量增加，砂浆的抗压抗折强度均呈现先增大后减小的趋势。其中，PCE分散法制备的0.6% rGO改性砂浆的3天强度增幅最大，抗压抗折强度分别提高了6.5%和7.8%。通过球磨法制备的1% rGO砂浆强度有所增加，3天抗压抗折强度的增幅为19.39%和14.59%，28天抗压抗折强度的增幅为21.76%和17.27%。

2）GO和rGO对水泥水化性能的影响

通过TGA和FT-IR分析，明确了在300℃下煅烧60min将GO退火转变为rGO。微量热仪结果表明：随GO或rGO掺量增加，水泥水化的放热速率和总放热量均增大，但GO相比于rGO更能够促进水泥的水化反应。XRD和SEM结果表明：GO和rGO均未改变水化晶体的类型，只是促进了水化产物的形成，且水化晶体相互紧密交织，形成了更加致密的微观结构。

7.2 创新点

① 采用球磨技术和包覆法实现了GO在水泥基体中的均匀分散,并利用X-CT表征了GO的空间分布情况。

② 利用rGO在水泥硬化浆体中构建有效的导热网络,从而降低了大体积砂浆的内外温差及收缩应力。此外,利用rGO调控水泥砂浆的塑性收缩、干燥收缩及自收缩,制备了高抗裂性的水泥基材料。

参 考 文 献

[1] 冯乃谦. 高性能混凝土[J]. 混凝土与水泥制品，1993, 2: 6-10.

[2] 廉慧珍. 混凝土怎么了?[J]. 中国公路，2019, 5: 46-49.

[3] 缪昌文. 现代混凝土早期收缩裂缝及控制技术[J]. 徐州工程学院学报（自然科学版），2018, 129(3): 7-14.

[4] 孙伟，缪昌文. 现代混凝土理论与技术[M]. 北京：科学出版社，2012.

[5] 李雪青. 混凝土早期收缩裂缝的形成机理与控制研究[D]. 西安：长安大学，2011.

[6] 葛松. 闸室混凝土施工温度数值仿真分析[J]. 中国水运，2019, 19(2): 261-262.

[7] Bissonnette B T, Pierre P, Pigeon M. Influence of key parameters on drying shrinkage of cementitious materials[J]. Cement and Concrete Research, 1999, 29(10): 1655-1662.

[8] 常海林. 建筑工程大体积混凝土施工技术要点的探讨[J]. 四川水泥，2016, （01）:190.

[9] 彭全敏. 超长混凝土结构收缩裂缝控制研究[D]. 天津：天津大学，2012.

[10] 宋厚甫，康飞宇. 石墨烯导热研究进展[J]. 物理化学学报，2021, 37: 1-16.

[11] Chen H, Ginzburg V V, Yang J, et al. Thermal conductivity of polymer-based composites: fundamentals and applications[J]. Progress in Polymer Science, 2016, 59: 41-85.

[12] 侯思雨，闫焕焕，任芳，等. 高分子复合材料导热性能的研究进展[J]. 合成材料老化与应用，2020, 49(6): 135-138.

[13] Sudeep P M, Taha T J, Ajayan P M, et al. Nanofluids based on fluorinated graphene oxide for efficient thermal management[J]. RSC Advances, 2014, 4(47): 24887.

[14] Yang A H, Cui A H, Tang B W, et al. A critical review on research progress of graphene/cement based composites[J]. Composites Part A: Applied Science and Manufacturing, 2017, 102: 273-296.

[15] Mehta P K, Monteiro P J M. Concrete: Microstructure, properties, and materials[M]. 2ed. US Upper Saddle River: Prentice-Hall, 2013.

[16] 黄士元，蒋家奋，杨南如，等. 近代混凝土技术[M]. 西安: 陕西科学技术出版社, 1998.

[17] Wang D, Shi C, Wu Z, et al. A review on ultra high performance concrete: Part Ⅱ. hydration, microstructure and properties[J]. Construction and Building Materials, 2015, 96: 368-377.

[18] 齐亚丽. 大体积混凝土温度裂缝控制研究[D]. 长春: 吉林建筑大学, 2018.

[19] 刘敏义. 大体积混凝土底板温度裂缝控制机理及有限元分析[D]. 合肥: 安徽建筑大学, 2017.

[20] Gajda J, Vangeem M. Controlling temperatures in mass concrete[J]. Concrete International, 2002, 24(1): 59-62.

[21] Zhu B F. Thermal stresses and temperature control of mass concrete[J]. Thermal Stresses and Temperature Control of Mass Concrete, 2013: 83-103.

[22] Combrinck R, Steyl L, Boshoff W P. Interaction between settlement and shrinkage cracking in plastic concrete[J]. Construction and Building Materials, 2018, 185: 1-11.

[23] Ghourchian S, Wyrzykowski M, Plamondon M, et al. On the mechanism of plastic shrinkage cracking in fresh cementitious materials[J]. Cement and Concrete Research, 2019, 115: 251-263.

[24] Yodsudjai W, Wang K. Chemical shrinkage behavior of pastes made with different types of cements[J]. Construction and Building Materials, 2013, 40: 854-862.

[25] Hamza S, Roziere E, Wisniewski V, et al. Consequences of longer sealed curing on drying shrinkage, cracking and carbonation of concrete[J]. Cement and Concrete Research, 2017, 95: 117-131.

[26] Snoeck D, Pel L, De B N. Superabsorbent polymers to mitigate plastic drying shrinkage in a cement paste as studied by NMR[J]. Cement and Concrete Composites, 2018, 93: 54-62.

[27] 楼瑛，罗素蓉．混凝土自收缩的测定及若干因素对自收缩影响规律的研究[J]．福州大学学报（自然科学版），2015, 43(1): 100-105.

[28] Wu L, Farzadnia N, Shi C, et al. Autogenous shrinkage of high performance concrete: A review[J]. Construction and Building Materials, 2017, 149: 62-75.

[29] 何健辉. 玻璃纤维水泥收缩与开裂性能研究[D]. 广州：广州大学，2019.

[30] 殷文，魏王俊，王旭艳，等．混凝土碳化收缩及其机理分析[J]．工程质量，2014, 8: 31-35.

[31] 张博．混凝土的碳化及碳化收缩分析综述[J]．数码世界，2019, 4: 276.

[32] Mora R J, Gettu R, Aguado A. Influence of shrinkage-reducing admixtures on the reduction of plastic shrinkage cracking in concrete[J]. Cement and Concrete Research, 2009, 39(3): 141-146.

[33] Liu Q, Xiao J Z, Singh A. Plastic shrinkage and cracking behavior of mortar containing recycled sand from aerated blocks and clay bricks[J]. Sustainability, 2021, 13(3): 1096.

[34] 张泽名，王进杰．混凝土裂缝成因及解决办法[J]．公路交通科技（应用技术版），2020, 16(5): 257-258.

[35] 邵正明，张超，仲晓林，等．国外减缩剂技术的发展与应用[J]．混凝土，2000, 10: 60-63.

[36] Jensen O M, Hansen P F. Water-entrained cement-based materials[J]. Cement and Concrete Research, 2002, 32(6): 973-978.

[37] Bentur A, Igarashi S I, Kovler K. Prevention of autogenous shrinkage in high-strength concrete by internal curing using wet lightweight aggregates[J]. Cement and Concrete Research, 2001, 31(11): 1587-1591.

[38] Ghourchian S, Wyrzykowski M, Lura P, et al. An investigation on the use of zeolite aggregates for internal curing of concrete[J]. Construction and Building Materials, 2013, 40: 135-144.

[39] Cusson D, Hoogeveen T. Internal curing of high-performance concrete with pre-soaked fine lightweight aggregate for prevention of autogenous shrinkage cracking[J]. Cement and Concrete Research, 2008, 38(6): 757-765.

[40] Zhutovsky S, Kovler K, Bentur A. Efficiency of lightweight aggregates for internal curing of high strength concrete to eliminate autogenous shrinkage[J]. Materials and Structures, 2002, 35(246): 97-101.

[41] Lura P, Wyrzykowski M, Tang C, et al. Internal curing with lightweight aggregate produced from biomass-derived waste[J]. Cement and Concrete Research, 2014, 59: 24-33.

[42] 刘加平, 田倩, 唐明述. 膨胀剂和减缩剂对于高性能混凝土收缩开裂的影响[J]. 东南大学学报（自然科学版）, 2006, 2: 195-199.

[43] Shi N, Ouyang J, Zhang R, et al. Experimental study on early-age crack of mass concrete under the controlled temperature history[J]. Advances in Materials Science and Engineering, 2015, 2014: 1-10.

[44] Olyniec J, Mcglohn R, Whittier S. Minimizing temperature differentials in mass concrete[J]. Concrete International Design and Construction, 2004, 26(12): 42-45.

[45] Lin F, Song X, Gu X, et al. Cracking analysis of massive concrete walls with cracking control techniques[J]. Construction and Building Materials, 2012, 31: 12-21.

[46] Qian C, Gao G. Reduction of interior temperature of mass concrete using suspension of phase change materials as cooling fluid[J]. Construction and Building Materials, 2012, 26(1): 527-531.

[47] 王铁梦. 工程结构裂缝控制: "抗与放"的设计原则及其在"跳仓法"施工中的应用[M]. 北京: 中国建筑工业出版社, 2007.

[48] Mo L, Deng M, Tang M, et al. MgO expansive cement and concrete in China: Past, present and future[J]. Cement and Concrete Research, 2014, 57(3): 1-12.

[49] Cao F, Miao M, Yan P. Effects of reactivity of MgO expansive agent on its performance in cement-based materials and an improvement of the evaluating method of MEA reactivity[J]. Construction and Building Materials, 2018, 187: 257-266.

[50] 张帅. 硫铝酸钙-氧化钙类膨胀剂对混凝土自愈合性能的影响[D]. 哈尔滨: 哈尔滨工业大

学, 2020.

[51] 刘路明, 方志, 黄政宇, 等. 膨胀剂与内养剂对超高性能混凝土性能的影响[J]. 硅酸盐学报, 2020, 48(11): 1706-1715.

[52] 莫立武, 邓敏. 氧化镁膨胀剂的研究现状[J]. 膨胀剂与膨胀混凝土, 2010, 1: 2-9.

[53] Bouziadi F, Boulekbache B, Mostefa H. The effects of fibres on the shrinkage of high-strength concrete under various curing temperatures[J]. Construction and Building Materials, 2016, 114: 40-48.

[54] 张武满, 孙伟. 粗骨料对高性能混凝土早期自收缩的影响[J]. 硅酸盐学报, 2009, 37(4): 631-636.

[55] Lee K M, Lee H K, Lee S H, et al. Autogenous shrinkage of concrete containing granulated blast-furnace slag[J]. Cement and Concrete Research, 2006, 36(7): 1279-1285.

[56] Maruyama I, Teramoto A. Temperature dependence of autogenous shrinkage of silica fume cement pastes with a very low water-binder ratio[J]. Cement and Concrete Research, 2013, 50(50): 41-50.

[57] Ghafari E, Ghafari S A, Costa B H, et al. Effect of supplementary cementitious materials on autogenous shrinkage of ultra-high performance concrete[J]. Construction and Building Materials, 2016, 127: 43-48.

[58] Lee C, Wei X, Kysar J W, et al. Measurement of the elastic properties and intrinsic strength of monolayer graphene[J]. Science, 2008, 321(5887): 385-388.

[59] Balandin A A, Ghosh S, Bao W, et al. Superior thermal conductivity of single-layer graphene[J]. Nano Letters, 2008, 8(3): 902-907.

[60] Bolotin K I, Sikes B K, Jiang Z, et al. Ultrahigh electron mobility in suspended graphene[J]. Solid State Communications, 2008, 146(9-10): 351-355.

[61] 吴乐华, 吴其胜, 许文. 干湿球磨法制备石墨烯及其摩擦性能表征[J]. 材料科学与工程学报, 2014, 32(5): 678-681.

[62] Khan U, Neill A, Lotya M, et al. High-concentration solvent exfoliation of graphene[J]. Small, 2010, 6(7): 864-871.

[63] Ayán V M, Paredes J I, Guardia L, et al. Achieving extremely concentrated aqueous dispersions of graphene flakes and catalytically efficient graphene-metal nanoparticle hybrids with flavin mononucleotide as a high-performance stabilizer[J]. ACS Applied Materials and Interfaces, 2015, 7(19): 10293.

[64] Chen B, Liu M, Zhang L, et al. Polyethylenimine-functionalized graphene oxide as an efficient gene delivery vector[J]. Journal of Materials Chemistry, 2011, 21(21): 7736-7741.

[65] Chang H, Wang G, Yang A, et al. A transparent, flexible, low-temperature, and solution-processible graphene composite electrode[J]. Advanced Functional Materials, 2010, 20(17): 2893-2902.

[66] Lee S H, Dreyer D R, An J, et al. Polymer brushes via controlled, surface-initiated atom transfer radical polymerization(ATRP)from graphene oxide[J]. Macromolecular Rapid Communications, 2010, 31(3): 281-288.

[67] Janowska I, Chizari K, Ersen O, et al. Microwave synthesis of large few-layer graphene sheets in aqueous solution of ammonia[J]. Nano Research, 2010, 3(2): 126-137.

[68] Park S, An J, Piner R D, et al. Aqueous suspension and characterization of chemically modified graphene sheets[J]. Chemistry of Materials, 2016, 20(21): 6592-6594.

[69] Li W G, Li X Y, Chen S J, et al. Effects of graphene oxide on early-age hydration and electrical resistivity of Portland cement paste[J]. Construction and Building Materials, 2017, 136(1): 506-514.

[70] Li W, Li X, Shu J C, et al. Effects of nanoalumina and graphene oxide on early-age hydration and mechanical properties of cement paste[J]. Journal of Materials in Civil Engineering, 2017, 29(9): 04017087.

[71] Li X, Korayem A H, Li C, et al. Incorporation of graphene oxide and silica fume into cement paste: A study of dispersion and compressive strength[J]. Natural Gas Geoscience, 2016, 123: 327-335.

[72] Lu Z, Hou D, Hanif A, et al. Comparative evaluation on the dispersion and stability of graphene oxide in water and cement pore solution by incorporating silica fume[J]. Cement and Concrete Composites, 2018, 94: 33-42.

[73] Bai S, Jiang L, Xu N, et al. Enhancement of mechanical and electrical properties of graphene/cement composite due to improved dispersion of graphene by addition of silica fume[J]. Construction and Building Materials, 2018, 164: 433-441.

[74] Lu Z, Hanif A, Ning C, et al. Steric stabilization of graphene oxide in alkaline cementitious solutions: Mechanical enhancement of cement composite[J]. Materials and Design, 2017, 127: 154-161.

[75] Lv S, Ting S, Liu J, et al. Use of graphene oxide nanosheets to regulate the microstructure of hardened cement paste to increase its strength and toughness[J]. Crystengcomm, 2014, 16(36): 8508-8516.

[76] Du H, Gao H J, Pang S D. Improvement in concrete resistance against water and chloride ingress by adding graphene nanoplatelet[J]. Cement and Concrete Research, 2016, 83: 114-

123.

[77] Le J L, Du H, Pang S D. Use of 2D graphene nanoplatelets(GNP)in cement composites for structural health evaluation[J]. Composites Part B: Engineering, 2014, 67: 555-563.

[78] Hu M, Guo J, Fan J, et al. Dispersion of triethanolamine-functionalized graphene oxide(TEA-GO)in pore solution and its influence on hydration, mechanical behavior of cement composite[J]. Construction and Building Materials, 2019, 216: 128-136.

[79] Shamsaei E, Duan W H, Sagoe C K, et al. Dispersion of graphene oxide-silica nanohybrids in alkaline environment for improving ordinary Portland cement composites[J]. Cement and Concrete Composites, 2020, 106: 103488.

[80] Wang Q, Qi G, Zhan D, et al. Influence of the molecular structure of a polycarboxylate superplasticiser on the dispersion of graphene oxide in cement pore solutions and cement-based composites[J]. Construction and Building Materials, 2021, 272: 121969.

[81] Shang Y, Zhang D, Yang C, et al. Effect of graphene oxide on the rheological properties of cement pastes[J]. Construction and Building Materials, 2015, 96: 20-28.

[82] Sun X, Wu Q, Zhang J, et al. Rheology, curing temperature and mechanical performance of oil well cement: Combined effect of cellulose nanofibers and graphene nano-platelets[J]. Materials and Design, 2016, 114: 92-101.

[83] Chuah S, Pan Z, Sanjayan J G, et al. Nano reinforced cement and concrete composites and new perspective from graphene oxide[J]. Construction and Building Materials, 2014, 73: 113-124.

[84] Lv S H, Deng L J, Yang Q F, et al. Fabrication of polycarboxylate/graphene oxide nanosheet composites by copolymerization for reinforcing and toughening cement composites[J]. Cement and Concrete Composites, 2016, 66: 1-9.

[85] Lin C, Wei W, Hu Y H. Catalytic behavior of graphene oxide for cement hydration process[J]. Journal of Physics and Chemistry of Solids, 2016, 89: 128-133.

[86] Ghazizadeh S, Duffour P, Skipper N T, et al. An investigation into the colloidal stability of graphene oxide nano-layers in alite paste[J]. Cement and Concrete Research, 2017, 99: 116-128.

[87] Sam G, Philippe D, Skipper N T, et al. Understanding the behaviour of graphene oxide in Portland cement paste[J]. Cement and Concrete Research, 2018, 111: 169-182.

[88] Horszczaruk E, Mijowska E, Kalenczuk R J, et al. Nanocomposite of cement/graphene oxide-Impact on hydration kinetics and Young's modulus[J]. Construction and Building Materials, 2015, 78: 234-242.

[89] Wang Q, Li S, Pan S, et al. Effect of graphene oxide on the hydration and microstructure of fly ash-cement system[J]. Construction and Building Materials, 2019, 198: 106-119.

[90] Murugan M, Santhanam M, Gupta S S, et al. Influence of 2D rGO nanosheets on the properties of OPC paste[J]. Cement and Concrete Composites, 2016, 70: 48-59.

[91] Lv S, Ma Y, Qiu C, et al. Effect of graphene oxide nanosheets of microstructure and mechanical properties of cement composites[J]. Construction and Building Materials, 2013, 49: 121-127.

[92] Shamsaei E, De F B, Yao X, et al. Graphene-based nanosheets for stronger and more durable concrete: A review[J]. Construction and Building Materials, 2018, 183: 642-660.

[93] Xu Y, Zeng J, Chen W, et al. A holistic review of cement composites reinforced with graphene oxide[J]. Construction and Building Materials, 2018, 171: 291-302.

[94] Mohammed A, Sanjayan J G, Duan W H, et al. Incorporating graphene oxide in cement composites: A study of transport properties[J]. Construction and Building Materials, 2015, 84: 341-347.

[95] Tong T, Fan Z, Liu Q, et al. Investigation of the effects of graphene and graphene oxide nanoplatelets on the micro-and macro-properties of cementitious materials[J]. Construction and Building Materials, 2016, 106: 102-114.

[96] 刘衡. 掺纳米石墨烯片水泥基复合材料的机敏性研究[D]. 武汉: 武汉理工大学, 2015.

[97] Lin Y, Du H. Graphene reinforced cement composites: A review[J]. Construction and Building Materials, 2020, 265: 120312.

[98] Novoselov K S, Geim A. The rise of graphene[J]. Nature Materials, 2007, 6(3): 183-191.

[99] Sanglakpam C D, Rizwan A K. Influence of graphene oxide on sulfate attack and carbonation of concrete containing recycled concrete aggregate[J]. Construction and Building Materials, 2020, 250: 118883.

[100] 张建武, 汪潇, 杨留栓, 等. 氧化石墨烯改性增强水泥基材料研究进展[J]. 化工新型材料, 2020, 48(4): 47-50.

[101] 韩瑞杰, 程忠庆, 高屹, 等. 多层石墨烯/钢纤维砂浆的制备及力学性能研究[J]. 混凝土与水泥制品, 2020, 3: 77-81.

[102] 杜涛. 氧化石墨烯水泥基复合材料性能研究[D]. 哈尔滨: 哈尔滨工业大学, 2014.

[103] Hu M, Guo J, Li P, et al. Effect of characteristics of chemical combined of graphene oxide-nanosilica nanocomposite fillers on properties of cement-based materials[J]. Construction and Building Materials, 2019, 225: 745-753.

[104] He H Y, Klinowski J, Forster M, et al. A new structural model for graphite oxide[J].

Chemical Physics Letters, 1998, 287(1-2): 53-56.

[105] 杨雅玲. 氧化石墨烯对水泥基材料耐腐蚀性能的影响[D]. 重庆: 重庆交通大学, 2016.

[106] 罗素蓉, 李欣, 林伟毅, 等. 氧化石墨烯分散方式对水泥基材料性能的影响[J]. 硅酸盐通报, 2020, 39(3): 677-684.

[107] Kudin K N, Ozbas B, Schniepp H C, et al. Raman spectra of graphite oxide and functionalized graphene sheets[J]. Nano Letters, 2008, 8(1): 36.

[108] Zhu Y, Murali S, Cai W, et al. Graphene and graphene oxide: Synthesis, properties, and applications[J]. Advanced Materials, 2010, 22(35): 3906-3924.

[109] 蒙坤林. 氧化石墨烯对高贝利特水泥基材料强度及抗蚀性能的影响[D]. 柳州: 广西科技大学, 2019.

[110] Zhao L, Guo X, Ge C, et al. Mechanical behavior and toughening mechanism of polycarboxylate superplasticizer modified graphene oxide reinforced cement composites[J]. Composites Part B: Engineering, 2017, 113: 308-316.

[111] 李欣, 罗素蓉. 氧化石墨烯增强水泥复合材料的断裂性能[J]. 复合材料学报, 2021, 38(2): 612-621.

[112] Wu L, Liu L, Gao B, et al. Aggregation kinetics of graphene oxides in aqueous solutions: experiments, mechanisms, and modeling[J]. Langmuir, 2013, 29(49): 15174-15181.

[113] Park S, Lee K S, Bozoklu G, et al. Graphene oxide papers modified by divalent ions-enhancing mechanical properties via chemical cross-linking[J]. ACS Nano, 2008, 2(3): 572-578.

[114] Jing G, Feng H, Li Q, et al. Enhanced dispersion of graphene oxide in cement matrix with isolated-dispersion strategy[J]. Industrial & Engineering Chemistry Research, 2020, 59(21): 10221-10228.

[115] Wildenschild D, Sheppard A P. X-ray imaging and analysis techniques for quantifying pore-scale structure and processes in subsurface porous medium systems[J]. Advances in Water Resources, 2013, 51(1): 217-246.

[116] Jing G J, Xu K L, Feng H R, et al. The non-uniform spatial dispersion of graphene oxide: A step forward to understand the inconsistent properties of cement composites[J]. Construction and Building Materials, 2020, 264: 120729.

[117] Zhou C, Li F, Hu J, et al. Enhanced mechanical properties of cement paste by hybrid graphene oxide/carbon nanotubes[J]. Construction and Building Materials, 2017, 134: 336-345.

[118] 许莹. 多因素作用下的大体积混凝土裂缝产生原因及控制机理研究[D]. 合肥: 安徽理工

大学, 2017.

[119] 刘洋. 大体积混凝土温度裂缝控制机理及有限元仿真分析[D]. 合肥: 安徽理工大学, 2014.

[120] Wu S, Huang D, Lin F B, et al. Estimation of cracking risk of concrete at early age based on thermal stress analysis[J]. Journal of Thermal Analysis and Calorimetry, 2011, 105(1): 171-186.

[121] Zhu H, Li Q, Hu Y, et al. Double feedback control method for determining early-age restrained creep of concrete using a temperature stress testing machine[J]. Materials, 2018, 11(7): 1079.

[122] Pei S F, Zhao J P, Du J H, et al. Direct reduction of graphene oxide films into highly conductive and flexible graphene films by hydrohalic acids[J]. Carbon, 2010, 48(15): 4466-4474.

[123] Zhang J, Yang H, Shen G, et al. Reduction of graphene oxide via-ascorbic acid[J]. Chemical Communications, 2010, 46(7): 1112.

[124] 陈琳. 还原氧化石墨烯表面修饰硅酸钙生物陶瓷的制备及骨再生修复性能的研究[D]. 绵阳: 西南科技大学, 2019.

[125] Kumar P, Shahzad F, Yu S, et al. Large-area reduced graphene oxide thin film with excellent thermal conductivity and electromagnetic interference shielding effectiveness[J]. Carbon, 2015, 94: 494-500.

[126] Li D, Müller M B, Gilje S, et al. Processable aqueous dispersions of graphene nanosheets[J]. Nature Nanotechnology, 2008, 3(2): 101-105.

[127] Pei S, Cheng H M. The reduction of graphene oxide[J]. Carbon, 2012, 50(9): 3210-3228.

[128] 赵汝英. 石墨烯的分散性及其水泥基复合材料的耐久性[D]. 大连: 大连理工大学, 2018.

[129] Wang B, Jiang R, Song W, et al. Controlling dispersion of graphene nanoplatelets in aqueous solution by ultrasonic technique[J]. Russian Journal of Physical Chemistry A, 2017, 91(8): 1517-1526.

[130] Gao Y, Jing H W, Chen S J, et al. Influence of ultrasonication on the dispersion and enhancing effect of graphene oxide-carbon nanotube hybrid nanoreinforcement in cementitious composite[J]. Composites Part B: Engineering, 2019, 164: 45-53.

[131] Li Z, Guo X, Liu Y, et al. Investigation of dispersion behavior of GO modified by different water reducing agents in cement pore solution[J]. Carbon, 2018, 127: 255-269.

[132] Du H J, Pang S D. Enhancement of barrier properties of cement mortar with graphene nanoplatelet[J]. Cement and Concrete Research, 2015, 76: 10-19.

[133] Wang B, Jiang R, Zhao R. Dispersion of graphene nanoplatelets in aqueous solution[J]. Journal of Nanoscience and Nanotechnology, 2017, 17(12): 9020-9026.

[134] Du H J, Pang S D. Dispersion and stability of graphene nanoplatelet in water and its influence on cement composites[J]. Construction and Building Materials, 2018, 167: 403-413.

[135] Matalkah F, Soroushian P. Graphene nanoplatelet for enhancement the mechanical properties and durability characteristics of alkali activated binder[J]. Construction and Building Materials, 2020, 249: 118773.

[136] 袁勇. 混凝土结构早期裂缝控制[M]. 北京: 科学出版社, 2004.

[137] 王铁梦. 工程结构裂缝控制[M]. 北京: 中国建筑工业出版社, 1997.

[138] 中华人民共和国住房和城乡建设部. 大体积混凝土温度测控技术规范[M]. 北京: 中国建筑工业出版社, 2016.

[139] Hou J P, Xiong J, Yuan Y. Controlling and in-site monitoring temperature in mass concrete [J]. Concrete, 2004, 5.

[140] Chen Z S, Xu Y M, Hua J M, et al. Modeling shrinkage and creep for concrete with graphene oxide nanosheets[J]. Materials, 2019, 12(19): 3153-3158.

[141] 张云升, 张国荣, 李司晨. 超高性能水泥基复合材料早期自收缩特性研究[J]. 建筑材料学报, 2014, 1: 19-23.

[142] 李泽鑫. 石墨烯改性水泥基材料力学及变形性能研究[D]. 杭州: 浙江工业大学, 2020.

[143] Branston J, Das S, Kenno S Y, et al. Influence of basalt fibres on free and restrained plastic shrinkage[J]. Cement and Concrete Composites, 2016, 74: 182-190.

[144] Xu Z Q, Ding Y G, Zhai C Y, et al. Cracking and temperature control in mass concrete construction[J]. Advanced Materials Research, 2012, 449: 841-845.

[145] 中国建筑科学研究院有限公司. 普通混凝土长期性能和耐久性能试验方法标准: GB/T 50082—2009[S]. 北京: 中国标准出版社, 2009.

[146] 张鑫, 荀绚. 混凝土自收缩测试方法及预测模型的研究进展[J]. 混凝土, 2013, 2: 41-45.

[147] 中国建筑科学院有限公司. 水泥胶砂强度检验方法(ISO法): GB/T 17671—2021[S]. 北京: 中国标准出版社, 2021.

[148] Bertelsen I M G, Ottosen L M, Fischer G. Influence of fibre characteristics on plastic shrinkage cracking in cement-based materials: A review[J]. Construction and Building Materials, 2020, 230: 116769.

[149] Chen Z S, Xu Y M, Hua J M, et al. Mechanical properties and shrinkage behavior of concrete-containing graphene-oxide nanosheets[J]. Materials, 2020, 13(3): 590.

[150] Pei H, Zhang S, Bai L, et al. Early-age shrinkage strain measurements of the graphene oxide modified magnesium potassium phosphate cement[J]. Measurement, 2019, 139: 293-300.

[151] 苏州混凝土水泥制品研究院有限公司. 水泥砂浆抗裂性能试验方法: JC/T 951—2005[S]. 建材行业标准, 2005.

[152] Wang Z, Wu J, Zhao P, et al. Improving cracking resistance of cement mortar by thermo-sensitive poly N-isopropyl acrylamide(PNIPAM)gels[J]. Journal of Cleaner Production, 2017, 176: 1292-1303.

[153] Chaipanich A, Nochaiya T, Wongkeo W, et al. Compressive strength and microstructure of carbon nanotubes-fly ash cement composites[J]. Materials Science and Engineering A, 2010, 527(4-5): 1063-1067.

[154] 张力伟. 混凝土损伤检测声发射技术应用研究[D]. 大连: 大连海事大学, 2012.

[155] 陈兵, 姚武, 吴科如. 声发射技术在混凝土研究中的应用[J]. 无损检测, 2000, 9: 387-390.

[156] Tragazikis I K, Dassios K G, Exarchos D A, et al. Acoustic emission investigation of the mechanical performance of carbon nanotube-modified cement-based mortars[J]. Construction and Building Materials, 2016, 122: 518-524.

[157] Tragazikis I K, Dassios K G, Dalla P T, et al. Acoustic emission investigation of the effect of graphene on the fracture behavior of cement mortars[J]. Engineering Fracture Mechanics, 2019, 210: 444-451.

[158] 沈功田. 声发射检测技术及应用[M]. 北京: 科学出版社, 2015.

[159] Wittmann F H. On the action of capillary pressure in fresh concrete[J]. Cement and Concrete Research, 1976, 6(1): 49-56.

[160] Banthia N, Gupta R. Influence of polypropylene fiber geometry on plastic shrinkage cracking in concrete[J]. Cement and Concrete Research, 2006: 1263-1267.

[161] Patural L, Marchal P, Govin A, et al. Cellulose ethers influence on water retention and consistency in cement-based mortars[J]. Cement and Concrete Research, 2011, 41(1): 46-55.

[162] Goh K, Jiang W, Chen Y, et al. Scalable synthesis of hierarchically structured carbon nanotube–graphene fibres for capacitive energy storage[J]. Nature Nanotechnology, 2014, 9(7): 555-562.

[163] Jing G, Wu J, Lei T, et al. From graphene oxide to reduced graphene oxide: Enhanced hydration and compressive strength of cement composites[J]. Construction and Building Materials, 2020, 248: 118699.

[164] Powers T C. Structure and physical properties of hardened portland cement paste[J]. Journal of the American Ceramic Society, 1958, 41(1): 1-6.

[165] Huang L, Chen Z, Ye H. A mechanistic model for the time-dependent autogenous shrinkage of high performance concrete[J]. Construction and Building Materials, 2020, 255: 119335.

[166] Sant S B. Physics and chemistry of interfaces[J]. Materials and Manufacturing Processes, 2013, 28(12): 1379-1380.

[167] Balaguru P N, Shah S P. Fiber-reinforced cement composites[M]. New York: McGraw-Hill, 1992.

[168] Kim J H J, Park C G, Lee S W, et al. Effects of the geometry of recycled PET fiber reinforcement on shrinkage cracking of cement-based composites[J]. Composites Part B: Engineering, 2008, 39(3): 442-450.

[169] Li X, Lu Z, Chuah S, et al. Effects of graphene oxide aggregates on hydration degree, sorptivity, and tensile splitting strength of cement paste[J]. Composites Part A: Applied Science and Manufacturing, 2017, 100: 1-8.

[170] 武星星, 刘志芳, 王志勇, 等. 氧化石墨烯纳米片层增强水泥基复合材料的巴西圆盘劈裂试验研究[J]. 应用力学学报, 2018, 35(6): 1333-1338.

[171] Lu Z, Chen B, Leung C Y, et al. Aggregation size effect of graphene oxide on its reinforcing efficiency to cement-based materials[J]. Cement and Concrete Composites, 2019, 100: 85-91.

[172] Sun H, Ling L, Ren Z, et al. Effect of graphene oxide/graphene hybrid on mechanical properties of cement mortar and mechanism investigation[J]. Nanomaterials, 2020, 10(1): 113.

[173] Yan S, He P G, Jia D C, et al. Effect of reduced graphene oxide content on the microstructure and mechanical properties of graphene-geopolymer nanocomposites[J]. Ceramics International, 2016, 42(1): 752-758.

[174] Han B, Zheng Q, Sun S, et al. Enhancing mechanisms of multi-layer graphenes to cementitious composites[J]. Composites Part A: Applied Science and Manufacturing, 2017, 101: 143-150.

[175] Liu J, Fu J, Yang Y, et al. Study on dispersion, mechanical and microstructure properties of cement paste incorporating graphene sheets[J]. Construction and Building Materials, 2019, 199: 1-11.

[176] Park S, An J, Potts J R, et al. Hydrazine-reduction of graphite and graphene oxide[J]. Carbon, 2011, 49(9): 3019-3023.

[177] Jansen D, Goetz N F, Stabler C, et al. A remastered external standard method applied to the quantification of early OPC hydration[J]. Cement and Concrete Research, 2011, 41(6): 602-

608.

[178] Kudžma A, Jelena S, Stonys R, et al. Study on the effect of graphene oxide with low oxygen content on portland cement based composites[J]. Materials, 2019, 12: 802.

[179] Du S, Wu J, Alshareedah O, et al. Nanotechnology in cement-based materials: A review of durability, modeling, and advanced characterization[J]. Nanomaterials, 2019, 9(9): 1213.

[180] Li X, Liu Y M, Li W G, et al. Effects of graphene oxide agglomerates on workability, hydration, microstructure and compressive strength of cement paste[J]. Construction and Building Materials, 2017, 145: 402-410.

[181] Banhart F, Kotakoski J, Krasheninnikov A V. Structural defects in graphene[J]. ACS Nano, 2011, 5(1): 26-41.

[182] Cancado L G, Jorio A, Ferreira E H M, et al. Quantifying defects in graphene via raman spectroscopy at different excitation energies[J]. Nano Letters, 2012, 11(8): 3190-3196.

[183] Kai G, Pan Z, Korayem A H, et al. Reinforcing effects of graphene oxide on Portland cement paste[J]. Journal of Materials in Civil Engineering, 2015, 27: 1-3.

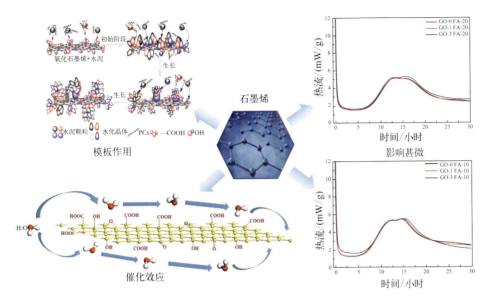

图1.4 石墨烯材料对水泥水化性能的影响

图3.3 GO的宏观团聚现象　　图3.5 GO团聚物的X-CT扫描结果分析

(a) 原始的CT切片

(b) 标记的CT切片

(c) GO团聚物的三维空间分布模型图

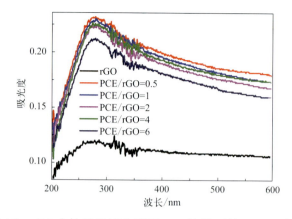

图4.3 rGO水性悬浮液在不同PCE掺量下的UV-Vis光谱

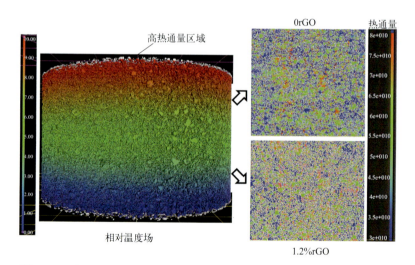

图4.14 水泥基体的相对温度场(左)及热通量场(右)模拟结果

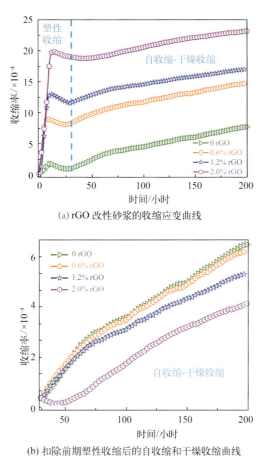

(a) rGO 改性砂浆的收缩应变曲线

(b) 扣除前期塑性收缩后的自收缩和干燥收缩曲线

图5.2 不同rGO掺量砂浆试件的早期收缩率随时间变化曲线

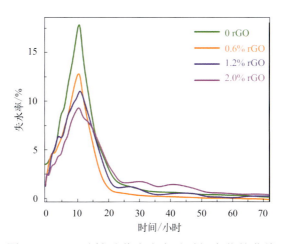

图5.11 rGO改性砂浆失水率随时间变化的曲线

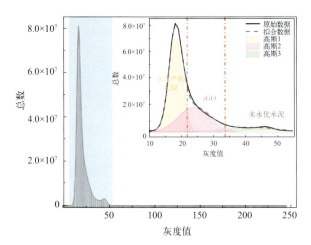

图5.15 rGO改性硬化水泥石CT图像的灰度值分布

插图采用阈值分割鉴定不同物相,三条拟合的高斯曲线(高斯1、2、3)
分别代表了水化产物孔隙、rGO及未水化的水泥颗粒

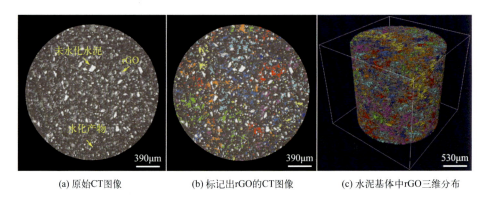

(a) 原始CT图像　　　　(b) 标记出rGO的CT图像　　　(c) 水泥基体中rGO三维分布

图5.16 rGO改性硬化水泥石的X-CT分析